AF558410

Jörg Asmus

Agaporniden

Jörg Asmus

Agaporniden

Haltung, Zucht und Artenschutz

Oertel+Spörer

Bildnachweis
Titelbild: Jörg Asmus
Innenteilbilder:
Simon Bruslund S. 100
Ramona Heuckendorf S. 107, 127, 131
Werner Lantermann S. 12, 54, 109, 148, 149, 156, 160
H. Reinhard, Arcor S. 103, 110
Hans-Joachim Rüblinger S. 9, 20, 139, 140, 153
Alle anderen Bilder vom Autor

Bibliografische Information der Deutschen Nationalbibliothek
Die Deutsche Nationalbibliothek verzeichnet diese Publikation in der Deutschen Nationalbibliografie; detaillierte bibliografische Daten sind im Internet über http://dnb.d-nb.de abrufbar.

Postfach 16 42 · 72706 Reutlingen

Schrift: 9,5/14,5 b Meta Plus
Lektorat: Dr. Gabriele Lehari
DTP und Repro: raff digital gmbh, Riederich
Druck und Bindung: Oertel+Spörer Druck und Medien-GmbH+Co., Riederich
Printed in Germany
ISBN 978-3-88627-409-3

Inhalt

Pfirsichköpfchen an einem Brutbaum in Tansania.

Vorwort

Mit Afrika verbinden viele naturbegeisterte Menschen die Weiten der Sahara, die Schönheit des Okavango-Deltas, das beeindruckende Regenwaldgebiet des Kongo-Beckens, den Kilimandscharo als höchsten Berg Afrikas und selbstverständlich auch die Serengeti, in der Jahr für Jahr zur selben Zeit die bekannten riesigen Tierwanderungen stattfinden, die bereits vor Jahrzehnten in teilweise schon legendären Filmbeiträgen eindrucksvoll dargestellt wurden. Insbesondere Prof. Bernhard Grzimek und sein Sohn Michael haben in den 1950er-Jahren mit ihren Filmdokumentationen *„Kein Platz für wilde Tiere“* und *„Serengeti darf nicht sterben“* sowie der langjährigen Fernsehsendung *„Ein Platz für Tiere“* dazu beigetragen, dass Afrika „gesellschaftsfähig“ wurde. „Einmal Afrika – immer Afrika“ ist einer der häufigsten Aussprüche von begeisterten Afrikareisenden. Aber was macht diese scheinbar besondere Faszination des schwarzen Kontinents aus?
In den meisten Fällen ist es die einmalige Natur in Verbindung mit den sogenannten „Big Five“: den fünf Großwildarten Afrikanischer Elefant, Spitzmaulnashorn, Kaffernbüffel, Löwe und Leopard, welche die Afrikaliebhaber regelmäßig ins Schwärmen geraten lassen. Die afrikanische Vogelwelt wird dabei nur selten Teil von Berichterstattungen der Reisenden und auch für Filmdokumentationen über die Tierwelt dieses Kontinents scheint die dortige Avifauna bislang nur eine Randerscheinung darzustellen. Dabei hat das afrikanische Festland und auch Madagaskar mit einer Vielzahl nur dort vorkommender Taxa eine beeindruckende Anzahl unterschiedlicher Vogelarten zu bieten. Auf diesem großen Kontinent sind allerdings nur 24 Papageienarten vertreten, darunter die neun Arten, die in diesem Buch behandelt werden – die Agaporniden oder Unzertrennlichen.

Ich möchte mich mit dem vorliegenden Buch nicht unbedingt den üblichen Themenbereichen widmen, die in den bisher erschienenen Buchtiteln über die Unzertrennlichen berücksichtigt wurden. Auf die wichtigsten Aspekte der Haltung und Vermehrung der Agaporniden werde ich jedoch eingehen und möchte damit eine kleine Starthilfe für völlig Unerfahrene liefern. Ich werde die neuesten Erkenntnisse zu den einzelnen Arten zusammenfassend darstellen und auch auf die geschichtliche Entwicklung dieser afrikanischen Kleinpapageien in Menschenobhut Bezug nehmen.

Erwarten Sie in diesem Buch jedoch keine Hinweise zur Haltung von Agaporniden als Käfigvögel, keine Vererbungsregeln für seltene Mutationsformen und auch keine Ratschläge, wie vom Menschen ein Siegervogel für Bewertungsschauen „geschaffen“ werden kann. Das Hauptaugenmerk dieser Buchveröffentlichung soll auf eine verantwortungsvolle Vermehrung der in Menschenhand befindlichen Vögel gerichtet sein, unter Beachtung der Arterhaltung, wie sie heutzutage auch von jedem privaten Züchter praktiziert werden könnte und von den wissenschaftlich geführten zoologischen Einrichtungen bereits seit vielen Jahren praktiziert wird.

Die Erhaltung der Agapornidenarten liegt mir persönlich besonders am Herzen, da hierzulande die zahlreich existierenden Mutationsformen derzeit kaum noch einen Bezug zu „ihrer" jeweiligen Art erkennen lassen und Mischlinge von unterschiedlichen Arten in den Zuchtanlagen schon lange Zeit allgegenwärtig sind. Solche Vögel gelangen häufig als billige Handelsware in die hiesigen Zoohandlungen und landen anschließend zunehmend in den Wohnungen als Käfigvögel, weil deren Absatz unter den Züchtern heutzutage kaum noch möglich ist. Ob ein solches Leben für diese Kreaturen erstrebenswert ist, wird in diesem Buch unbeantwortet bleiben.
Fest steht, dass Agaporniden durch die anhaltende Massenzucht, in verschiedensten Farbvarianten, aber auch als Mischlinge, in den Zoohandlungen und zu einem gewissen Teil auch unter den Züchtern nach wie vor billig gehandelt werden können, ein Markt für derartige Vögel also immer noch existiert. Diese „Produkte" eines einst lukrativen Handels verdrängen immer mehr die natürlichen Formen, die phänotypisch den wild lebenden Angehörigen ihrer Spezies in der Natur gleichen, aus dem Bewusstsein europäischer Vogelliebhaber; sie verfälschen das Original nachhaltig.

Die zu Tausenden in Menschenobhut gehaltenen Agaporniden sind ohne Zweifel allesamt reizende Vögel, die oft preiswert in der Anschaffung, genügsam in ihrer Pflege und zum größten Teil auch einfach zu vermehren sind. Diese Charaktere machen die meisten Agaporniden zu guten „Anfängervögeln" für Züchter, die sich mit der Vermehrung von afrikanischen Kleinpapageien beschäftigen möchten. Allerdings sollte das Zuchtziel in der Gegenwart sehr sorgfältig ausgewählt werden, denn einige Agapornidenarten sind auch in ihrer Heimat vom Aussterben bedroht – die einen mehr, die anderen weniger –, was den Erhalt der Arten nach ihrem ursprünglichen Aussehen und somit nach deren Vorbild aus der Natur umso notwendiger werden lässt.

Lassen Sie sich mit diesem Buch neue Aspekte der Agapornidenzucht aufzeigen und vielleicht steckt die Begeisterung für den Erhalt der Arten in menschlicher Obhut auch Sie an. Ich lade Sie hiermit recht herzlich ein, sich einer verantwortungsvollen, aber äußerst interessanten Vermehrung von Agaporniden zu widmen und fordere Sie in diesem Sinne aus rein ethischen Gründen auf, vom Erwerb farblich mutierter Individuen und natürlich auch von Mischlingsvögeln gebührenden Abstand zu nehmen. Wie das geht, zeige ich Ihnen auf den folgenden Buchseiten.

Jörg Asmus, im Herbst 2013

Die Taranta-Unzertrennlichen – eine relative robuste Agaporniden-Art, die paarweise gehalten werden sollte.

Einführung

Die in diesem Buch besprochenen Vogelarten werden allgemein als Agaporniden oder auch Unzertrennliche bezeichnet. Das Wort „Agaporniden" ist von der wissenschaftlichen Bezeichnung *Agapornis* dieser Papageiengattung abgeleitet, die sich wiederum aus den griechischen Wörtern „agápe" (= Liebe) und „órnis" (= Vogel) zusammensetzt. Die Bezeichnung „Liebesvogel" war darum für die neun Arten dieser Kleinpapageien ebenfalls lange Zeit im deutschen Sprachraum geläufig. Im Englischen werden diese Vögel von jeher liebevoll „Lovebirds" und im Französischen „Les inséparables" genannt.
Die engen sozialen Kontakte zwischen den Paarpartnern der Agaporniden waren wohl ausschlaggebend für den englischen Ornithologen Prideaux John Selby (1788 – 1867), der den Gattungsnamen *Agapornis* im Jahr 1836 mit einer Veröffentlichung in Jardines *Naturalist's Library* in die Wissenschaft einführte. Zu dieser Zeit waren fünf Arten dieser Gattung wissenschaftlich beschrieben, die aber noch lange Zeit unter dem Gattungsnamen *Psittacula* geführt wurden, der heute gültigen wissenschaftlichen Bezeichnung der Edelsittiche. Die vier Arten mit den weißen Augenringen (Schwarz-, Pfirsich-, Erdbeer- und Rußköpfchen) wurden erst etwa fünfzig Jahre später beschrieben.

Das muntere Wesen und die anhaltende Präsenz dieser kleinen Papageien auf den Vogelmärkten weckte schnell das Interesse der Vogelliebhaber und so verwundert es wohl kaum, dass Rosenköpfchen, Pfirsichköpfchen und auch Schwarzköpfchen bald zu den am häufigsten gehaltenen Papageienarten weltweit zählten. Die Agaporniden fanden schon ein gleichermaßen großes Interesse bei Menschen, die sich Kleinpapageien in der Wohnung als Gesellschafter in einem Käfig hielten, sowie bei Züchtern, die sich an dem interessanten Fortpflanzungsverhalten dieser Vögel erfreuten, aber auch bei profitgierigen Zeitgenossen, die für sich ein einträgliches Geschäft in der Mutationszucht dieser Individuen erkannten. Über den Erhalt der Agapornidenarten in Menschenobhut musste sich bis 2005 kaum jemand Gedanken machen, denn zahlreiche Importe aus den Heimatgebieten dieser Papageien sorgten bei einigen Arten für einen stetigen Nachschub.
In der Gegenwart scheinen sich große Probleme aus diesem bis dahin sorglosen Handeln zu ergeben, denn artenreine und mutationsfreie Agaporniden sind von den meisten Arten gar nicht mehr oder nur noch sehr selten zu bekommen. So haben sich inzwischen verantwortungsbewusste Züchter innerhalb Europas zusammengefunden, die sich in dem **European Preservation Project for Agapornis Species (EPPAS)** die schwierige Aufgabe gestellt haben, die hierzulande noch existierenden Agaporniden in ihrem Ursprungstyp zu vermehren, ohne jegliche Einflüsse der Mutationszucht und unter Ausschluss von Mischlingszuchten. Der Verfasser ist Initiator dieses im Jahr 2009 begonnenen Pro-

jektes und möchte mit dem vorliegenden Buch für einen dringend notwendigen Richtungswechsel in der gesamten Vogelzucht werben.

Natürlich sollte nicht nur den Agaporniden zukünftig eine solche Aufmerksamkeit zuteil kommen. Aber speziell bei den Agaporniden laufen wir ansonsten sehr schnell Gefahr, dass uns die Arten nur noch von Fotos aus den Ursprungsgebieten her bekannt sind und in den hiesigen Volieren vielleicht ausschließlich gelbe, weiße, malvenfarbene oder auch blaue Vögel mit Violettfaktor sowie viele andere Farbmutatio nen anzutreffen sind. Mit einer Arterhaltung durch Zucht haben die Festigung von Farbmutationen und die Schaffung immer neuer Farbkombinationen keinesfalls mehr zu tun.

Die Papageien Afrikas

Die Systematik der Papageienvögel (Psittaciformes) wurde in der Vergangenheit mehrmals geändert und immer wieder tragen neue Erkenntnisse dazu bei, dass taxonomische Revisionen vorgenommen werden müssen. Die in der Gegenwart vermehrt angewandten DNA-Untersuchungsmethoden tragen wesentlich dazu bei, Verwandtschaftsverhältnisse der bekannten Arten und Unterarten zueinander besser zu verstehen. Mithilfe dieser wissenschaftlichen Methoden haben Experten inzwischen herausgefunden, dass die artenreiche Ordnung der Sperlingsvögel (Passeriformes) die größte verwandtschaftliche Nähe zu den Papageien aufweist.

Bis vor Kurzem wurden je nach Systematik zwischen 330 und 350 Papageienarten unterschieden. Nach der aktuellen „World Bird List“ des Internationalen Ornithologischen Komitees werden bei den Papageien und Sittichen gegenwärtig jedoch 374 verschiedene Arten anerkannt. Unter dieser Vielzahl von Papageienarten befinden sich 24 Arten mit 45 Unterarten, die das afrikanische Festland sowie Madagaskar und einige Seychellen-Inseln bevölkern. Hinzu kommt der Halsbandsittich, der mit zwei Unterarten in Asien vorkommt und mit der Nominatform *Psittacula krameri krameri* und der Subspezies *P. k. parvirostris* die Sahelzone von Westafrika bis nach Dschibuti und Somalia bevölkert; das Verbreitungsgebiet einer der beiden in Asien vorkommenden Subspezies vom Halsbandsittich *(P. k. borealis)* erstreckt sich bis nach Ägypten.

Der bekannteste Vertreter aller afrikanischen Papageien ist wohl der Graupapagei, der nach neuesten molekulargenetischen Untersuchungen in die zwei Arten Kongo-Graupapagei *(Psittacus erithacus)* und Timneh-Graupapagei ≠*(P. timneh)* aufgeteilt wird. Eine größere Gruppe stellt die Gattung der Langflügelpapageien *(Poicephalus)* dar, die mit zehn Arten auf dem größten Teil des afrikanischen Festlandes südlich der Sahara vertreten ist. Eher unscheinbar und gar nicht papageientypisch scheinen die Vasapapageien *(Coracopsis)* zu sein, die mit zwei

Agaporniden sind gesellige Vögel, die durch ihre besondere Kopffärbung auffallen – hier drei Erdbeerköpfchen.

Arten, bestehend aus sieben Unterarten auf Madagaskar, den Komoren und auf den beiden Seychellen-Inseln Praslin und Curieuse vorkommen. Die neun Arten der hier beschriebenen Agaporniden bilden insgesamt 14 Unterarten; diese kleinsten Papageien Afrikas kommen ebenfalls südlich der Sahara und auf Madagaskar und den Komoren vor.

Bevor einige zu Afrika zählende Inseln erstmals von europäischen Seefahrern betreten wurden, konnten noch weitere Spezies zur afrikanischen Papageienfauna gezählt werden, die dann aber leider im Laufe der Besiedlungsgeschichte durch die Kultivierung der Landschaft und durch den Fang dieser Tiere ausgerottet wurden. Darunter waren mit dem Seychellensittich *(Psittacula wardi)*, dem Rodriguezsittich *(P. exsul)* und dem Bourbonsittich *(P. eques)* drei weitere Arten der Edelsittiche. Aber auch der wahrscheinlich mehr als 70 cm messende Schopfpapagei *(Lophopsittacus mauritianus)*, der Rodriguezpapagei (*Neoropsittacus rodericanus)* und der Maskarenenpapagei *(Mascarinus mascarinus)* waren einst Arten, die der afrikanischen Fauna zugerechnet wurden. Vom Maskarenenpapagei existieren derzeit noch zwei Bälge als äußerst wertvolle Sammlungsstücke der naturhistorischen Museen in Wien und Paris. Auch von einigen der anderen ausgestorbenen afrikanischen Papageienarten existieren noch wenige Bälge, jedoch kennt man den Schopfpapagei, Rodriguezpapagei und Bourbonsittich nur von Beschreibungen, Zeichnungen und bestenfalls durch Knochenfunde.

Die Gattung *Agapornis* – ihre systematische Stellung

Ein Naturwissenschaftler hat die biologische Systematik im 18. Jahrhundert maßgeblich reformiert. Der Schwede Carl von Linné schuf zu seiner Zeit mit der Einführung der binären Nomenklatur die Grundlage für die botanische und zoologische Taxonomie. Mit seinen Werken entstand eine hierarchische Einteilung der gesamten bekannten Tier- und Pflanzenwelt; so erfolgte die Unterscheidung der damals etwa 930 bekannten Vogelarten in sechs Ordnungen hauptsächlich nach der Form des Schnabels. Alle zu jener Zeit bekannten Papageienvögel erhielten bei Linné den Artnamen *Psittacus;* in seiner Landessprache nannte er die Agaporniden jedoch bereits „de oskiljaktiga“, was ins Deutsche übersetzt „die Unzertrennlichen“ bedeutet. In der 10. Ausgabe von Linnés *Systema Naturae* erschien auf der Seite 149 die erste wissenschaftliche Beschreibung einer Agapornidenart: Das Orangeköpfchen wurde in diesem Werk noch als *Psittacus pullarius* bezeichnet.
Mit dieser Ausgabe von Linnés bedeutendem Werk *Systema Naturae* beginnt im Jahr 1758 auch die zoologische Namensgebung. Alle vorher publizierten Werke werden nicht anerkannt. Von diesem Zeitpunkt an wurden die Autorenschaften noch bis etwa 1840 nach einem Autoritätsprinzip verstanden, wonach die wissenschaftliche Artenbezeichnung häufig der Person zugeschrieben wurde, welche der beste Experte oder Spezialist im Fachgebiet war.
Heute wird die Namensgebung für Arten und Unterarten durch die Internationalen Regeln für die Zoologische Nomenklatur (ICZN Code) geregelt, die auf diese Einteilung von Carl von Linné aufbaut.
Arten haben nach dieser Regelung einen zweiteiligen Namen (Binomen) in lateinischer Schrift, der aus dem Gattungsnamen, beginnend mit einem Großbuchstaben, und dem Artnamen, beginnend mit einem Kleinbuchstaben, besteht. Unterarten haben einen dreiteiligen Namen (Trinomen), der aus dem Binomen und dem Unterartnamen besteht, letzterer beginnend mit einem Kleinbuchstaben. Der Gattungsname *Agapornis* für die hier beschriebenen Papageienvögel wurde, wie bereits erwähnt, durch Prideaux John Selby im Jahr 1836 in die Wissenschaft eingeführt.

Agaporniden sind laute und gesellige Papageien. Es sind kleine Vögel, die in ihrer natürlichen Grundfärbung grün sind und sich durch eine auffällige Kopffärbung, einer mitunter farbenfrohe Bürzel- sowie Oberschwanzdeckenfärbung und durch einzigartige Schwanzmuster auszeichnen. Diese Schwanzmuster scheinen eine wichtige Rolle beim zwischenartlichen Erkennen und während der Balz einzunehmen. Bei einigen Arten sind Männchen und Weibchen gleich gefärbt, die Geschlechter anderer Arten wiederum unterscheiden sich recht deutlich voneinander; man sagt dann, dass diese Arten geschlechtsdimorph sind. Die Jungvögel der geschlechtsdimorphen Arten sind in ihrer

ersten Gefiederfärbung in der Regel wie die Weibchen gefärbt. Vermutlich werden Aggressionen der Männchen gegenüber den Jungvögeln so verhindert oder zumindest gemindert.
Heute unterscheidet man zwei Untergruppen innerhalb der Gattung *Agapornis*. Sehr nah miteinander verwandt sind die **vier Arten mit den weißen Augenringen (Schwarz-, Pfirsich-, Erdbeer- und Rußköpfchen),** die bis in die zweite Hälfte des vorigen Jahrhunderts aufgrund ihrer großen Ähnlichkeit noch als eine Art mit vier Unterarten zusammengefasst wurden. Diese südostafrikanischen Arten sind nicht geschlechtsdimorph und zeigen ein ausgeprägtes Sozialverhalten.
Die Agaporniden mit den weißen Augenringen gingen wahrscheinlich aus einem *Agapornis roseicollis* **(Rosenköpfchen)**-Vorfahren hervor und die beiden Arten **Orangeköpfchen** und **Taranta-Unzertrennlicher** sehr wahrscheinlich aus einem *Agapornis swindernianus* **(Grünköpfchen)**-Vorfahren, der sich wiederum aus einem *Agapornis canus* **(Grauköpfchen)**-Vorfahren entwickelt hat. Diese drei Arten und das Grauköpfchen können zusammengefasst als die zweite Untergruppe der Agaporniden angesehen werden; bei ihnen ist das Sozialverhalten weniger ausgeprägt und nur beim Grünköpfchen sind die Geschlechter nicht durch das äußere Erscheinungsbild zu erkennen.

Das Orangeköpfchen ist die wissenschaftlich zuerst beschriebene Art innerhalb der Gattung Agapornis. *Hier einige Balgexemplare aus der Sammlung des Zoologischen Museums Berlin (Naturkundemuseum).*

Die Kladistik als ein Zweig der Wissenschaft

In der systematischen Biologie wird regelmäßig versucht, die evolutionsbedingten Beziehungen zwischen den einzelnen Organismen zu klären. Während früher vor allem die sichtbaren (morphologischen) Merkmale eines Organismus für die Einteilung innerhalb der Systematik benutzt wurden, sind es heute zusätzlich Charakteristika des Stoffwechsels und immer mehr auch genetische Informationen. Das Ergebnis einer kladistischen Analyse ist eine Verwandtschaftshypothese, die bis zu einem gewissen Grad eine Rekonstruktion der Stammesgeschichte der Organismen zulässt. Verschiedene Vergleichskriterien können mitunter jedoch zu Unterschieden bei der Auswertung kladistischer Analysen führen.

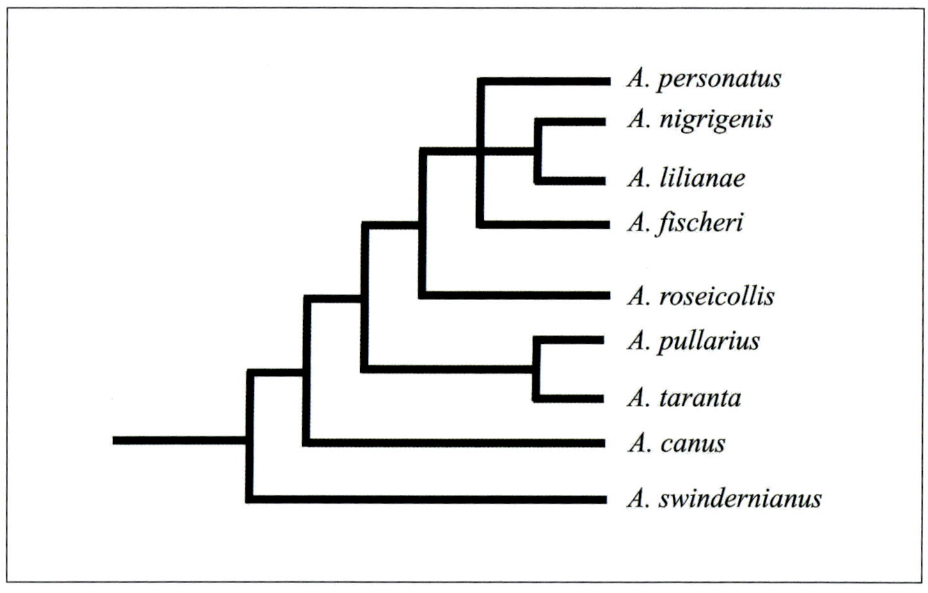

Das Kladogramm der Gattung Agapornis. Mit Kladogrammen werden die Artspaltungsprozesse dargestellt.

Das **Rosenköpfchen** sowie das **Grünköpfchen** stellen hinsichtlich der Taxonomie, Gefiederfärbung und Sozialverhalten eine Art Verbindungsglied zwischen diesen beiden Untergruppen dar. Die Geschlechter dieser beiden Arten sind gleich gefärbt.

Grünköpfchen, aber auch **Orangeköpfchen** haben sich im Laufe ihrer Entwicklungsgeschichte zu ausgesprochenen Spezialisten entwickelt. So ist der Lebensraum des Grünköpfchens auf immergrüne, tropische Wälder beschränkt, in denen ihre hauptsächliche Nahrung – verschiedene Feigensorten – zu finden ist. Das Orangeköpfchen hat eine ganz andere Spezialisierung entwickelt: Es nutzt die Bauten von Ameisen und Termiten, um darin seine Nisthöhle anzulegen. Das Nistmaterial wird von den Agaporniden entweder mit dem Schnabel oder im Gefieder in die Nisthöhle befördert. Das Eintragen des Nistmaterials überwiegend im Bürzelgefieder wird unter Experten nach heutigen Erkenntnissen als das evolutionär ältere Verhalten angesehen. Begünstigt wird diese Verhaltensweise durch die bürstenartige Struktur der Federn, welche den Transport von Nistmaterialien im Gefieder unterstützt und beim Grauköpfchen am deutlichsten ausgeprägt ist.

Heute geht man davon aus, dass einst in Ostafrika, vom Viktoriasee bis zum Sambesi, eine ursprüngliche Form der Agaporniden mit den weißen Augenringen lebte. Durch geologische Vorgänge entstanden mit der Zeit natürliche Barrieren, die das Verbreitungsgebiet dieser frühen Form teilten. So sind die Bildung von Gebirgszü-

Übersicht der Arten und Unterarten der Gattung *Agapornis*

Deutscher Artname		Wissenschaftliche Bezeichnung
Grauköpfchen	Nominatform	*Agapornis canus canus* (Gmelin, 1788)
	weitere Unterart	*Agapornis canus ablectaneus* (Bangs, 1918)
Orangeköpfchen	Nominatform	*Agapornis pullarius pullarius* (Linné, 1758)
	weitere Unterart	*Agapornis pullarius ugandae* (Neumann, 1908)
Taranta-Unzertrennlicher		*Agapornis taranta* (Stanley, 1814)
Grünköpfchen	Nominatform	*Agapornis swindernianus swindernianus* (Kuhl, 1820)
	weitere Unterart	*Agapornis swindernianus zenkeri* (Reichenow, 1895)
	weitere Unterart	*Agapornis swindernianus emini* (Neumann, 1908)
Rosenköpfchen	Nominatform	*Agapornis roseicollis roseicollis* (Vieillot, 1818)
	weitere Unterart	*Agapornis roseicollis catumbella* (Hall, 1952)
Schwarzköpfchen		*Agapornis personatus* (Reichenow, 1887)
Pfirsichköpfchen		*Agapornis fischeri* (Reichenow, 1887)
Erdbeerköpfchen		*Agapornis lilianae* (Shelley, 1894)
Rußköpfchen		*Agapornis nigrigenis* (Sclater, 1906)

gen am Kopf des Malawi-Sees und die Entstehung des Großen Grabenbruchs im Norden wahrscheinlich für diese Trennung verantwortlich. Im Süden dieses großen Gebietes leben heute Erdbeer- und Rußköpfchen und im Norden Schwarz- und Pfirsichköpfchen. Vulkanausbrüche und andere tektonische Ereignisse entlang des Großen Afrikanischen Grabenbruchs im nördlichen Tansania werden als Ursache für die Teilung der Verbreitungsgebiete von Schwarz- und Pfirsichköpfchen angenommen. Gerade an den Grenzen dieser beiden Arten kommt es seit einigen Jahrzehnten jedoch zu einer Vermischung der Populationen, sodass die heutigen biolo-

gischen Isolationsmechanismen für eine Artentrennung nicht mehr ausreichend sind.
Fossile Funde früherer Agaporniden wurden kürzlich in Südafrika entdeckt. Wissenschaftler gehen davon aus, dass die in der nordöstlich des Landes gelegenen Provinz Gauteng in Höhlen gefundenen Skelettteile ein Alter von ungefähr eine Million Jahre besitzen. Auch in Marokko kam es vor wenigen Jahren zu Fossilfunden einer ausgestorbenen *Agapornis*-Art.

Verbreitung und Lebensräume

In Afrika findet man insgesamt sechs große Landschaftszonen vor. Sandwüsten nehmen dabei einen beträchtlichen Teil der Gesamtfläche dieses Kontinents ein. Allein eine etwa 9 Millionen km^2 große Grundfläche fällt dabei auf die größte Wüste des Kontinents, die Sahara. Andere Wüsten wie die Kalahari, die Namib- oder auch die Somaliwüste sind dagegen relativ klein.
In diesen eher lebensfeindlichen Wüstenlandschaften ist keine der neun *Agapornis*-Arten anzutreffen. Auch in den degradierten mediterranen Wäldern, die vor allem die Landschaftsbilder der Küstenregionen Südafrikas, Marokkos, Libyens, Tunesiens und Ägyptens prägen, trifft man auf keine der hier beschriebenen Arten. Das Verbreitungsgebiet dieser Papageien erstreckt sich eher über die vier übrigen Landschaftszonen, die sich aus der Dornenbuschsavanne, der Trockensa-

Der typische Lebensraum der Pfirsichköpfchen in Tansania.

vanne, der Feuchtsavanne und dem tropischen Regenwald zusammensetzen.
Die **Dornenbuschsavanne** ist naturgeografisch eine klimatisch-vegetationsmäßige Übergangszone von den trockenen und heißen Wüstengebieten zu den wechselfeuchten tropischen Savannen. Geprägt wird das Landschaftsbild der Dornenbuschsavanne durch einen offenen Bewuchs und die nahezu gleichmäßig verteilten Büsche in diesen Gegenden. Die Trockenzeit in dieser Region dauert etwa sieben bis zehn Monate und der jährliche Niederschlag ist auf etwa 200 bis 500 mm begrenzt. Auf dem afrikanischen Festland ist dieser Savannentyp im Bereich der Sahel- und Sudanzone besonders ausgeprägt, befindet sich aber auch im südlichen Afrika nördlich der Kalahari sowie Karoo und am Horn von Afrika. In den nördlichen Dornenbuschsavannen Afrikas stößt man mit etwas Glück auf **Orangeköpfchen,** im südwestlichen Afrika besiedeln mitunter **Rosenköpfchen** dieses Habitat.
Die **Trockensavanne** liegt zwischen der Dornenbuschsavanne und der Feuchtsavanne. Geprägt wird dieser Savannentyp durch die Abnahme der ariden Monate auf weniger als fünf bis sieben sowie einen Jahresniederschlag von durchschnittlich 500 bis 1000 mm. Die Trockensavanne ist bereits Teil der wechselfeuchten Tropen und für ihre riesigen Hochgrasflächen bekannt, die mit einem leichten Baumbestand durchsetzt sind und einer relativ abwechslungsreichen Fauna eine Heimat bieten.

Anpassung an bestimmte Habitate

Agaporniden können im Verlauf ihres Daseins teilweise verschieden strukturierte Habitate bevölkern. Man spricht von komplementären Habitaten. Solche komplementären Habitate erfüllen verschiedene Funktionen wie etwa die der Nahrungsaufnahme, der Fortpflanzung oder des Rückzugs. An diese Biotope haben sich auch die Vertreter der Gattung Agapornis *während ihrer Entstehungsgeschichte angepasst und dabei Lebensweisen entwickelt, die den Fortbestand ihrer Art in diesen Gebieten sichern. So kommt es nur in Ausnahmefällen vor, dass Angehörige verschiedener Arten dasselbe Verbreitungsgebiet bevölkern, wie beispielsweise bei den* **Schwarz-** *und* **Pfirsichköpfchen** *an den Randgebieten ihres Vorkommens in Tansania. Die Lebensraumanpassung kann somit als ein wichtiger Aspekt für die evolutionäre Entwicklung einer Spezies angesehen werden.*

Typische Bäume in dieser Gegend sind die bekannten Baobabs *(Adansonia)* und die Akazien *(Acacia)*, die mit ihren ausladenden Kronen den Boden vor Austrocknung bewahren. Auch der Maulbeerfeigenbaum *(Ficus sycomorus)* ist eine typische Baumart dieser Region.
Durchsetzt sind diese Landschaften häufig mit 2 bis 5 m hohen Termitenhügeln, in denen das **Orangeköpfchen** seine Nistplätze findet. In dieser Savannenformation kommen neben Orangeköpfchen im südlichen Afrika die **Rosenköpfchen** vor. In den Tro-

ckensavannen trifft man aber auch auf **Schwarzköpfchen** und **Pfirsichköpfchen** und an den mit Bäumen bestandenen Flussufern können mitunter **Rußköpfchen** sowie **Erdbeerköpfchen** beobachtet werden.

In den **Feuchtsavannen** wächst das Gras sehr üppig und selbst eine Trockenperiode von zwei bis fünf Monaten kann diese Vegetationszone nicht aus ihrem Gleichgewicht bringen. Man findet Feuchtsavannen in der Übergangszone zwischen dem Regenwald und den Laub abwerfenden Savannenformationen. Verschiedene Biotope prägen das Landschaftsbild dieser Savanne und Bäume unterschiedlicher Arten sind charakteristisch für die eigentliche Feuchtsavanne. Selbst während der Trockenzeit wächst das Gras hier 2 bis 3 m hoch; das Napiergras *(Pennisetum purpureum)*, auch Elefantengras genannt, kann in seltenen Fällen sogar bis zu 7,5 m hoch werden. Holzgewächse kommen in dieser Vegetationsform fast ausschließlich im leicht geschlossenen Feuchtsavannenwald oder an den Flussläufen in Galeriewäldern vor. Der Jahresniederschlag beträgt in dieser Region zwischen 1000 und 1500 mm und flache Landschaften können in Ufernähe während der Regenzeit sogar überflutet werden.
Einige Gegenden der Feuchtsavanne werden in Afrika landwirtschaftlich intensiv genutzt. Da das **Orangeköpfchen** das größte Verbreitungsgebiet von allen Agaporniden besitzt, kann man es auch in den Feuchtsavannen antreffen. Des Weiteren bietet dieses Habitat (Feuchtsavannenwald) einen Lebensraum für die **Taranta-Unzertrennlichen.**

Tropischen Regenwald findet man auf dem afrikanischen Festland beiderseits des Äquators. Durch die ganzjährigen Niederschläge und die nahezu konstanten warmen Temperaturen konnte diese Vegetationszone im Laufe der Erdgeschichte einen perfekten Kreislauf entwickeln, wodurch eine vielseitige Tier- und Pflanzenwelt entstanden ist. Primärwälder erreichen dort eine mittlere Höhe von 30 m in der Hauptkronenschicht. Durch den Reichtum an unterschiedlichsten Tier- und Pflanzenarten in den afrikanischen Regenwaldgebieten offenbart sich den Bewohnern dieser Vegetationsform stets ein großes Nahrungsangebot.
Der größte Teil der afrikanischen Regenwälder liegt im Bereich des Kongo-Beckens; einige kleinere Regenwälder befinden sich auch noch an der Elfenbeinküste, im kenianischen Hochland und auf Madagaskar. Gegenwärtig ist der zentralafrikanische Regenwald noch das zweitgrößte tropische Urwaldgebiet der Erde; Habitatverluste durch Rodungen schreiten jedoch weiter voran. In den afrikanischen Regenwäldern ist das kaum bekannte **Grünköpfchen** verbreitet, das sich insbesondere nahrungsbedingt vollständig auf dieses Habitat eingestellt hat.

Nachdem sich Madagaskars Landfläche bereits vor Jahrmillionen von den Kontinentalplatten Afrikas und Asiens gelöst

Von allen Agapornis-*Arten lebt nur das Grauköpfchen auf Madagaskar, der größten Insel Afrikas. Hier ein Paar: rechts das Weibchen und links das Männchen.*

hat, konnten sich auf der Insel zahlreiche endemische Arten entwickeln. **Madagaskar** ist auf einer Fläche von ungefähr 90 Prozent von sekundären Savannen bedeckt, von den ursprünglichen Regenwäldern sind hier nur noch 4 Prozent erhalten geblieben. Die Landschaftsformen der viertgrößten Insel der Erde sind dennoch äußerst vielfältig. Über den Norden, den Westen und den Süden erstrecken sich Savannengebiete, neben den Feucht- und Trockensavannen gibt es auch Dornenbuschsavannen. Im Osten und Nordosten befinden sich tropische Bergwälder und im Hochland herrscht ein gemäßigtes subtropisches Klima vor, das oft für karge Landschaftsformen in den höheren Lagen sorgt. In den Küstengebieten prägen Mangrovenwälder häufig das Landschaftsbild der Insel, mitunter befinden sich dort aber auch noch die uralten Tieflandregenwälder, die noch vor Jahrzehnten in den meisten Küstenregionen allgegenwärtig waren. Madagaskar ist die Heimat der **Grauköpfchen.** Neben den beschriebenen Landschaftsformationen befinden sich in Afrika noch einige andere Habitate, die oft gegensätzlich beschaffen sind. Auch das Klima dieses Kontinents ist nicht immer heiß und trocken, sodass auch lange nicht jede Region in einer kurzen Abhandlung Berücksichtigung finden kann. Auf die Lebensräume der einzelnen *Agapornis*-Arten wird jedoch im Artenteil noch einmal konkret Bezug genommen.

Ökologie und Verhalten

Einige der hier beschriebenen *Agapornis*-Arten zählen mit zu den am besten erforschten Papageien überhaupt. Maßgeblichen Einfluss auf die zurückliegende Forschungsarbeit hatte Prof. Mike Perrin von der Universität Kwa-Zulu-Natal in Pietermaritzburg (Südafrika), der in den zurückliegenden Jahren Freilandprojekte von jungen Wissenschaftlern für Rußköpfchen, Rosenköpfchen und Erdbeerköpfchen mit betreute und als anerkannter Experte auf dem Forschungsgebiet der afrikanischen Papageien gilt. Aber auch bei Studien an Volierenvögeln ist in der Vergangenheit Forschungsarbeit zum Verhalten und den sozialen Strukturen einiger Agaporniden betrieben worden, sodass die Erkenntnisse, die aus diesen Arbeiten

erlangt wurden, durchaus bestimmte Rückschlüsse auf das Sozialleben einiger Arten im Freiland zulassen.
Selbstverständlich kann man in menschlichen Haltungen keinesfalls die natürlichen Bedingungen einer jeden Spezies bis ins kleinste Detail nachgestalten. So können insbesondere wichtige Aspekte wie die klimatischen Bedingungen, die natürliche Umwelt, der Feinddruck, die Nahrungs- und Nistplatzkonkurrenz oder die Möglichkeit, sich über viele Kilometer frei zu bewegen, nicht imitiert werden. Es fehlen bei solchen Versuchen unter Volierenbedingungen also die natürlichen Lebensräume und Einflüsse, an denen sich auch die Agaporniden über den Zeitverlauf ihrer Entwicklungsgeschichte anpassen konnten.
In ihrer Heimat kommen die meisten *Agapornis*-Arten recht gut mit den dortigen Verhältnissen zurecht und sie machen sich zudem auch häufig die Anwesenheit des Menschen zunutze, indem landwirtschaftliche Anbauflächen von Sorghumhirse *(Sorghum bicolor)* und Fingerhirse *(Eleusine coracana)* vor und während der Erntezeit von den Vögeln heimgesucht werden. Veränderungen der Lebensräume haben bei Arten wie dem Rußköpfchen jedoch auch negative Auswirkungen auf die Populationsentwicklung, gerade wenn derartige Änderungen wie das Schwinden der Mopane-Wälder über kurze Zeiträume von nur einigen Jahrzehnten stattfindet.

In ihren jeweiligen Habitaten sind Agaporniden entweder paarweise oder in kleineren Gruppen von bis zu 30 Individuen unterwegs; an nahrungsreichen Plätzen aber können gelegentlich auch wesentlich größere Ansammlungen registriert werden. Der **Tagesablauf** gestaltet sich immer wieder annähernd gleich. Am frühen Morgen, kurz nach Sonnenaufgang, widmen sich die einzelnen Vögel der Gefiederpflege und begeben sich anschließend an nahe gelegene Wasserlöcher, Flussufer oder auch Viehtränken, um zu trinken. Hier treffen die Agaporniden auch auf Webervögel (Ploceidae), Prachtfinken (Estrildidae), Tauben (Columbiformes), Bartvögel (Capitonidae), Nektarvögel (Nectariniidae) oder auch Langflügelpapageien *(Poicephalus)* und bilden mit diesen dort eine bunte Gesellschaft.

Zur **Nahrungsaufnahme** begeben sich die Agaporniden, nachdem sie Wasser aufgenommen haben. An den Nahrungsplätzen kann es dann zu ähnlichen Vergesellschaftungen kommen wie zuvor an den Wasserstellen. Im Allgemeinen setzt sich die **Nahrung** der Agaporniden aus Gras- und Akaziensamen, verschiedenen Fruchtsorten, Beeren, Blattteilen, Blüten, aber auch aus wirbellosen Tieren zusammen. Zur Nahrungsaufnahme suchen die Agaporniden in den meisten Fällen den Boden auf; das **Grünköpfchen** hingegen bewegt sich eher in den Baumkronen, in denen es seine bevorzugte Nahrung, die Feigen, findet. Über die Mittagszeit sind die Temperaturen auf dem afrikanischen Festland, aber auch auf Madagaskar besonders heiß, sodass die Agaporniden während dieser Zeit einen schattigen Platz aufsuchen, dort ihr Gefieder pflegen und ein wenig ruhen. Am späten Nachmittag erfolgt dann eine weitere Phase der Nahrungsaufnahme. Am Abend suchen die Papageien schließlich wieder ihre Übernachtungsplätze auf.

Besondere Verhaltensweisen zeigen sich bei den Agaporniden, wie bei den meisten anderen Vogelarten auch, während der **Fortpflanzungsperiode.** Heute geht man allgemein davon aus, dass die Paarbindung bei den verschiedenen *Agapornis*-Arten ein Leben lang anhält, jedoch sind bei Gruppenhaltungen von **Erdbeerköpfchen** und **Rußköpfchen** in Menschenobhut auch andere Beobachtungen gemacht worden. Inwieweit derartige Verhaltensweisen auch für die Tiere im Freiland gelten, ist nicht bekannt. Fest steht jedoch, dass der überlebende Vogel nach dem Tod seines Partners auch bei den „Unzertrennlichen" schnell wieder eine neue Beziehung eingeht.

Die **vier Arten mit den weißen Augenringen** verhalten sich während der Fortpflanzungszeit ausgesprochen sozial gegenüber ihren Artgenossen. Einige *Agapornis*-Arten brüten sogar in Kolonien, andere wiederum sondern sich mit der Paarbildung von den übrigen Gruppenmitgliedern ab. Aber auch bei den Arten, die selbst während dieser Zeit ein ausgeprägtes Sozialverhalten in der arteigenen Gruppe zeigen, festigt sich die Paarbeziehung mit Beginn der Fortpflanzungszeit. Allgemein läuft der Beginn der Fortpflanzungsperiode folgendermaßen ab. Die

Das gegenseitige Füttern ist bei Paaren wie bei diesen Schwarzköpfchen ein wichtiger Bestandteil des Sozialverhaltens.

Männchen beginnen sich langsam dem Weibchen zu nähern und über einen kurzen Zeitraum erlangen sie bereits Vertrautheit. Von einer Balz kann bei den Agaporniden kaum die Rede sein. In der aktiven Phase bewegen sich die Männchen auf einem Ast neben dem Weibchen lediglich kopfnickend hin und her, fächern dabei ihren Schwanz und geben fortlaufend Stimmlaute von sich. Neben diesem Hin-und-her-Laufen ist beim Männchen auch das häufige Kratzen am Kopf zu beobachten, das als Übersprungsverhalten gewertet werden kann. Weiterhin versucht das Männchen fortwährend sein Weibchen zu füttern und mit diesem zu kopulieren. Ist das Weibchen zur Kopulation bereit, breitet es in geduckter Haltung die Flügel aus und stellt diese leicht auf; der Kopf wird dabei in den Nacken gelegt.

Außergewöhnliche Neststandorte

Ungewöhnliche Neststandorte sind bei den vornehmlich in Baumhöhlen nistenden Papageienvögeln eher selten. Der südamerikanische Mönchsittich (Myiopsitta monachus) *beispielsweise baut übergroße Reisignester in Bäumen, der äußerst seltene neuseeländische Eulenpapagei* (Strigops habroptilus) *brütet auf dem Boden in Felsspalten, zwischen Steinen und Baumwurzeln und der Lears Ara* (Anodorhynchus leari) *aus Brasilien wählt als Brutstätte Felshöhlen, die manchmal mehrere Meter tief in das Felsinnere reichen. Ungewöhnlich ist auch die Brutstätte des australischen Goldschultersittichs, der an das Vorhandensein von Termitenhügeln der Spezies* Amitermis scopulus *angewiesen ist. Ähnlich brütet auch das* ***Orangeköpfchen.*** *Es wählt allerdings Bauten von baumbewohnenden Ameisen und Termiten für das Brutgeschäft aus. Gelegentlich brüten Orangeköpfchen auch in Erdhöhlen. Auch von den* ***Grünköpfchen*** *vermutet man, dass sie Höhlen in Baumtermitenbauten anlegen, obwohl von dieser Spezies auch Einzelnachweise über die Nutzung von Baumhöhlen vorliegen.*

Außerhalb dieser Aktivphase betreiben die einzelnen Paare vermehrt gegenseitige Gefiederpflege, berühren sich mit ihren Schnäbeln und füttern sich oft gegenseitig. Die Gefiederpflege bleibt dabei auf Kopf und Vorderkörper beschränkt und das Berühren der Schnäbel kann dann höchstens als Kontaktgebärde gewertet werden. Die gegenseitige Fütterung erfolgt in der Regel vom Männchen zum Weibchen. Bei **Grauköpfchen** und **Taranta-Unzertrennlichen** sind jedoch auch wiederholt Beobachtungen in umgekehrter Richtung gemacht worden.

Die Nistplatzsuche nimmt einen weiteren Teil der Brutvorbereitung ein. Insbesondere die vier Arten mit den weißen Augenringen nisten oft in enger Nachbarschaft zueinander in den Astlöchern und sonstigen Höhlen eines Baumes. Die **Rosenköpfchen** nutzen zum Brutgeschäft auch Nester von Siedelweber *(Philetairus socius)* und Mahaliweber *(Plocepasser mahali)* und die **Orangeköpfchen** nagen sich ihre Bruthöhlen in Termitenbauten. Nur wenige Papageienarten tragen Nistmaterial in ihre Brutstätten, das bei der Inkubation als Gelegeunterlage und nach dem Schlupf der Jungvögel als anfangs wärmende Schicht dient. Zu den wenigen Papageien, die Nistmaterial in ihre Nisthöhle transportieren, zählen die Agaporniden. Die dafür verwendeten Materialien sind Grasteile, abgeschälte Rindenstücke, kleine Zweige, Blattteile, Federn, aber auch faserige Pflanzenbestandteile, die sie in ihrer näheren Umgebung finden. All diese Dinge werden durch die Agaporniden artenabhängig auf unterschiedliche Art und Weise in die spätere Brutstätte transportiert.
So tragen die Arten **Schwarzköpfchen, Pfirsichköpfchen, Erdbeerköpfchen** und **Rußköpfchen** die Pflanzenteile im Schnabel in die Brutstätte und verbauen sie dort;

Hier sieht man die unterschiedlichen Entwicklungsstadien von vier Erdbeerköpfchen-Nestgeschwistern.

sie kleiden die Bruthöhle vollständig mit diesen Materialien aus und bauen damit beinahe rundum geschlossene Brutkobel. Die **Taranta-Unzertrennlichen, Rosenköpfchen, Grauköpfchen** und **Orangeköpfchen** stecken sich diese Materialien in das Bürzel- und Rückengefieder, tragen es auf diese Weise in die Höhle und legen es schließlich dort ab. **Rosenköpfchen** bauen nach oben offene, becherförmige Nester, **Grauköpfchen, Orangeköpfchen** und **Taranta-Unzertrennliche** tragen nur so viel Nistmaterial ein, dass sie damit eine kleine napfförmige Unterlage schaffen können.
Die **Bebrütung** der reinweißen Eier erfolgt allein durch das Weibchen, das während der Inkubation hin und wieder von seinem Männchen in der Bruthöhle besucht wird. Auch die Aufzucht der Jungvögel erfolgt in den ersten Lebenstagen in der Regel durch das Weibchen. Das Männchen füttert hingegen sein Weibchen und trägt somit indirekt zur Aufzucht der Jungen kurz nach dem Schlupf bei.
Das Dunengefieder junger Agaporniden ist weißlich oder gelblich gefärbt und bietet den Jungen anfangs ausreichend Wärme in der Höhle; in den ersten Tagen wird der Nachwuchs zudem regelmäßig von der Mutter gehudert, sodass eine Unterkühlung der Juvenilen, besonders in den kühleren Nächten, ausgeschlossen ist.
Nach dem Verlassen der Nisthöhle sind die jungen Agaporniden noch nicht selbstständig. Sie halten sich einige Wochen in ständiger Nähe zu ihren Eltern auf und betteln diese noch etwa 14 Tage lang um Nahrung an. Bald schon lernen die jungen Vögel, selbst Futter aufzunehmen, und haben diese intensive Fürsorge durch die El-

Die Eier der Papageien

Die Wissenschaft vom Vogelei heißt Oologie und ist ein Teilbereich der Ornithologie. Die Oologie beschäftigt sich vornehmlich mit der Beschreibung und Bestimmung von Eiern anhand von Größe, Gewicht, Gestalt und Form. Die Form der Eier hängt von den Nistgewohnheiten der jeweiligen Arten ab. In der Regel haben Vogeleier aber die Form eines unregelmäßigen Ovals, dadurch rollen die Eier eines Geleges nicht auseinander oder sogar aus dem Nest, sondern bewegen sich bei einem glatten Untergrund eher in einer Kreisbahn wieder zu ihrem ursprünglichen Ausgangspunkt zurück. Der Zusammenhalt des Geleges ist für den brütenden Vogel auf diese Weise wesentlich einfacher zu realisieren.
Bei in Höhlen brütenden Vögeln wie den Papageien besteht diese Gefahr des Wegrollens nicht, dafür sorgen die Höhleninnenwände. Die Eier dieser Vögel sind darum eher kugelförmig. Auch in der Färbung unterscheiden sich die Eier der höhlenbrütenden Vögel von denen in offenen Nestern brütenden Arten. So besitzen Papageieneier immer eine weiße Schale. Die Vogelarten, die in offenen Nestern brüten, legen meist farbige Eier, die oft auch gefleckte Muster aufweisen und so eine gewisse Tarnung zum Untergrund bieten.

tern nicht mehr nötig. Dann schließen sich die Jungen den vorhandenen Gruppen an und verleben mit diesen Tieren gemeinsam ihren Alltag, bis sie selbst alt genug sind und sich mit Beginn der artenspezifischen Brutsaison allein dem Fortpflanzungsgeschehen widmen und zum Erhalt der Art in ihrer Heimat beitragen.

Status und Bedrohung

Seit 1966 erstellt die Weltnaturschutzorganisation IUCN (International Union for Conservation of Nature) jährlich die Rote Liste gefährdeter Tier- und Pflanzenarten. Die Einteilung der betreffenden Arten erfolgt dabei in diese sieben Gefährdungskategorien:

EX (Extinct – ausgestorben)
EW (Extinct in the Wild – in der Natur ausgestorben)
CR (Critically Endangered – vom Aussterben bedroht)
EN (Endangered – stark gefährdet)
VU (Vulnerable – gefährdet)
NT (Near Threatened – potenziell bedroht)
LC (Least Concern – nicht gefährdet)

Der Status der *Agapornis*-Arten im Freiland wurde aus der zuletzt im Jahr 2012 veröffentlichten Liste der IUCN entnommen (www.iucnredlist.org). Demnach sind aktuell sechs Arten als „nicht gefährdet", zwei Arten bereits eine Stufe höher und somit als „potenziell bedroht" und eine Art als „gefährdet" eingestuft.

Wie stellt sich diese Situation im Detail dar und wie sind die Zukunftsaussichten für die kleinen afrikanischen Papageienarten der Gattung *Agapornis* einzuschätzen?
Die sechs „nicht gefährdeten" Arten sind **Grauköpfchen, Schwarzköpfchen, Orangeköpfchen, Rosenköpfchen, Grünköpfchen** und **Taranta-Unzertrennlicher.** Die momentane Einstufung dieser Spezies durch die IUCN sollte vermuten lassen, dass diese sechs Arten In ihren Heimatgebieten allgegenwärtig und häufig anzutreffen sind, aber auch, dass die noch vorhandenen Bestände nicht existenziell bedroht sind.
Nach Einschätzung der IUCN trifft dies gerade einmal auf drei von diesen sechs Arten zu; beim Rosenköpfchen und Orangeköpfchen befinden sich die Populationszahlen in einem abnehmenden Trend, für die Taranta-Unzertrennlichen wurde hingegen eingeschätzt, dass die Bestandszahlen in den zurückliegenden Jahren angestiegen sind und sehr wahrscheinlich weiter ansteigen werden.
Leider kann Letzteres von den beiden als „potenziell bedroht" eingestuften Arten **Pfirsichköpfchen** und **Erdbeerköpfchen** nicht behauptet werden; hier sind diese Zahlen weiter rückläufig.
Die am stärksten bedrohte *Agapornis*-Art ist das **Rußköpfchen.** Aufgrund von Bestandsschätzungen geht man bei dieser Spezies gegenwärtig von 2.500 bis maximal etwa 10.000 Individuen aus und auch bei dieser Art wird angenommen, dass die Wildpopulation in den kommenden Jahren weiter abnehmen wird.

Die Ursachen für die Bestandsrückgänge sind verschieden. So zählten beispielsweise einige Agaporniden-Arten in den zurückliegenden Jahrzehnten zu den am häufigsten importierten Papageienarten überhaupt. Insbesondere Pfirsichköpfchen kamen noch vor Jahren zu Tausenden allein nach Deutschland. Der Fang von Pfirsichköpfchen für die Vogelzüchter auf der ganzen Welt kann derzeit als Hauptursache für die Dezimierung dieser Papageienart in Tansania, ihrem Hauptverbreitungsgebiet, angesehen werden.
Auch bei den meisten anderen Agaporniden ist der Vogelhandel eine mögliche Ur-

Das Rußköpfchen ist die Agapornis-Art, die in ihrer Heimat am meisten bedroht ist.

Erdbeerköpfchen-Projekt in Malawi

In Malawi versucht eine junge Wissenschaftlerin gegenwärtig die Situation des Erdbeerköpfchens in diesem Teil ihres Verbreitungsgebietes zu verbessern. Nachdem in den zurückliegenden Jahren Bestandzählungen durchgeführt worden sind und die Ursachen der Populationsdezimierung erkannt wurden, soll nun versucht werden, Einfluss auf die dort lebende Bevölkerung zu nehmen. Aufklärungsarbeit ist im gesamten Verbreitungsgebiet nötig, um die zweitseltenste Agaporniden-Art Afrikas zu schützen und zu erhalten. Etwas über 2.000 Erdbeerköpfchen wurden noch im Jahr 2010 im Gebiet des Liwonde Nationalparks in Malawi gezählt, dass sind etwa 10 Prozent der Gesamtpopulation dieser Vogelart. In Malawi scheint die Vergiftung der Erdbeerköpfchen derzeit die Hauptursache für die Rückgänge der Bestandszahlen zu sein, in anderen Ländern ist es wohl nach wie vor der Fang für den Vogelhandel.

sache für die Bestandsrückgänge. Es bleibt zu hoffen, dass das im Jahr 2006 verhängte Einfuhrverbot von Wildvögeln in die Europäische Union nunmehr ein wenig zur Erholung der Agaporniden-Bestände in Afrika beiträgt und die Populationen sich etwas stabilisieren können. Allerdings konnten sich die Rußköpfchen-Bestände nach den im großen Stil betriebenen Fangaktionen zu Beginn des 20. Jahrhunderts wohl nie wieder richtig erholen.

Neben dem Fang für den Vogelmarkt kommen auch andere Aspekte für Populationsreduzierungen einzelner Agaporniden in Betracht, die als nicht weniger dramatisch angesehen werden sollten. In Malawi beispielsweise werden Erdbeerköpfchen an kleinen Wasserlöchern vergiftet. Dies geschieht durch die dort heimische Bevölkerung, aber wahrscheinlich eher unbeabsichtigt, denn eigentlich haben es die im Verbreitungsgebiet der Erdbeerköpfchen lebenden Menschen auf größere Beutetiere wie Tauben und kleinere Säugetiere abgesehen, die insbesondere in den sehr trockenen Monaten diese Wasserstellen aufsuchen, um ihren Durst zu stillen. Die toten Erdbeerköpfchen an den vergifteten Wasserlöchern werden einfach zurückgelassen. Welche Art von Gift die Menschen für diese Art des Nahrungserwerbs benutzen, ist bislang ungeklärt.

Einige Agaporniden werden aber auch bewusst vom Menschen verfolgt. Mit dem Heranreifen der Hirsekulturen suchen die meisten Agaporniden-Arten die Anbaugebiete dieser Getreidesorten auf und zehren von dem Überangebot wohlschmeckender Samen – sehr zum Leidwesen der einheimischen Bauern, die diese Vögel als Ernteschädlinge verfolgen und töten. Wie hoch die Verluste unter den Vögeln aufgrund solcher Aktionen tatsächlich sind, lässt sich kaum feststellen.

Bestandsrückgänge werden aber auch auf die **Lebensraumvernichtung** bei den einzelnen Arten zurückgeführt. Beim **Erdbeerköpfchen** haben beispielsweise die Überflutungen ihrer natürlichen Lebensräume in den vergangenen Jahren für solche Habitatverluste gesorgt. Aber auch das **Rußköpfchen** muss unter der Dezimierung seines Lebensraumes leiden. Die anhaltende Austrocknung des bewohnten Habitats und die Lebensraumverluste durch menschliche Besiedlung führen beim Rußköpfchen zu Rückgängen, die für derart kleine Populationen eine sehr große Gefahr darstellen. Bei den seltenen Rußköpfchen kommt noch hinzu, dass die innerhalb der Wildpopulation festgestellte Schnabel- und Federkrankheit (PBFD) eine derzeit noch unbekannte Bedrohungslage für diese Papageien darstellt.
Außerdem ist auf lange Sicht auch anzunehmen, dass sich die immer weiter fortschreitende Abholzung der afrikanischen Waldgebiete nachhaltig auf die Population des **Grünköpfchens** auswirken wird. Diese Art ist nahrungsbedingt im besonderen Maß auf die Regenwaldgebiete der Region angewiesen und findet keine Möglichkeit, auf angrenzende Lebensräume auszuweichen. Allerdings ist die Datenlage für diese Art derzeit noch so schwach, dass sich momentan keine genaueren Aussagen über deren Status treffen lassen.

Hingegen wird die Vermischung von **Pfirsichköpfchen** und **Schwarzköpfchen** in der Überlappungszone ihrer Verbreitungsgebiete von verschiedenen Stellen gegenwärtig nicht als problematisch für die Populationen dieser beiden Spezies angesehen, da diese Überlappungszone nicht in die eigentlichen Habitate der beiden Arten hineinreicht. Hierbei ist allerdings anzumerken, dass die Mischlinge von Pfirsichköpfchen und Schwarzköpfchen fortpflanzungsfähig sind und sich in Zukunft wohl kaum an den Grenzen einer Kontaktzone der beiden Arten orientieren. Die Mischlinge selbst könnten somit weiter in die angestammten Gebiete der Pfirsich- wie auch Schwarzköpfchen vordringen und dort für weitere nicht mehr artenreine Nachkommen sorgen. Hier offenbart sich sicherlich ein interessantes Betätigungsfeld für Forscher auf diesem Gebiet, aber auch eine keinesfalls zu unterschätzende Gefahr für den Fortbestand dieser beiden Arten.

Erdbeerköpfchen gehören zu den beliebtesten Agaporniden.

Agaporniden in Menschenobhut

Papageien sind in Europa bereits seit 327 v. Chr. bekannt; in jenem Jahr brachte der Grieche Onesikritos vom Zug Alexanders des Großen gegen die Perser den ersten Papagei mit nach Griechenland.

Geschichte ihrer Haltung in Europa

Mit den ersten Entdeckungsreisen europäischer Seefahrer im 15. Jahrhundert wurde der Seeweg nach Afrika erschlossen und später gelangten auf diese Weise die ersten Papageien in unsere Breitengrade.
Auch die ersten Agaporniden kamen vermutlich über das Meer nach Europa. Insbesondere mit der Erkundung und Kartografierung des inneren Afrikas durch europäische Forscher, die Anfang des 19. Jahrhunderts begann, machten auch Berichte über die abenteuerlichen Expeditionen des 18. und 19. Jahrhunderts in den wohlhabenden Kreisen ihre Runde.
Der Wunsch der reichen Menschen nach etwas Exotischem und somit Einzigartigem brachte die ersten farbenfrohen, zahmen und zum Teil sprechenden Großpapageien in die europäischen Hafenstädte. Von finanzkräftigen Menschen wurden diese Vögel erworben und dann in reich verzierten, kostbaren Käfigen und später auch in privaten Menagerien gehalten. Schriftsteller, wie Georges-Louis Marie Leclerc, Comte de Buffon (1707 – 1788) und Johann Matthäus Bechstein (1757 – 1822), befassten sich zu dieser Zeit in ihren Werken mit ersten Angaben zur Ernährung und Haltung von Papageien und beschrieben auch einige Papageienarten nach dem damaligen Kenntnisstand.
Beschäftigt man sich jedoch mit der Geschichte der Haltung von Tieren in Menschenobhut, dann sollte man mit der Ersteinfuhr oder mit der wissenschaftlichen Erstbeschreibung einer Art beginnen. Die Angaben zur europäischen Ersteinfuhr können sich dabei immer nur auf überlieferte Daten beschränken, aus denen hervorgeht, wann eine Haltung der jeweiligen Art zuerst erwähnt und wo sie zu jener Zeit praktiziert wurde.
Das **Grünköpfchen** ist beispielsweise nie lebend aus seiner Heimat ausgeführt worden und selbst bei Versuchen von Gefangenschaftshaltungen in Afrika haben einzelne Exemplare dieser Art nur wenige Tage überleben können. In der Tabelle auf Seite 34 sind die Daten zur Erstbeschreibung und zur europäische Ersteinfuhr für die neun *Agapornis*-Arten zusammengefasst dargestellt.
Gegen 1860 wurden vermehrt Agaporniden nach Europa gebracht und die Matrosen schufen sich zu dieser Zeit mit dem Handel von Papageien einen kleinen Zusatzverdienst zu ihrer kläglichen Heuer. Zu jener Zeit waren es **Grauköpfchen, Rosenköpfchen** und offensichtlich auch **Orangeköpfchen,** die in teilweise großen Stückzahlen nach Europa gelangten.
Die Schriftsteller Alfred Edmund Brehm (1829 – 1884) und Karl Ruß (1833 – 1899)

Erstbeschreibungen und dokumentierte europäische Ersteinfuhr für die neun Arten der Gattung *Agapornis*

Artname	Erstbeschreibung Name / Jahr	Ersteinfuhr Jahr
Orangeköpfchen / *Agapornis pullarius*	Linné / 1758	um 1860
Grauköpfchen / *Agapornis canus*	Gmelin / 1788	1860
Taranta-Unzertrennlicher / *Agapornis taranta*	Stanley / 1814	1906
Rosenköpfchen / *Agapornis roseicollis*	Vieillot / 1818	1860
Grünköpfchen / *Agapornis swindernianus*	Kuhl / 1820	Nicht eingeführt
Schwarzköpfchen / *Agapornis personatus*	Reichenow / 1887	1927
Pfirsichköpfchen / *Agapornis fischeri*	Reichenow / 1887	1927
Erdbeerköpfchen / *Agapornis lilianae*	Shelley / 1894	1926
Rußköpfchen / *Agapornis nigrigenis*	Sclater / 1906	1907

brachten zu dieser Zeit unter anderem auch ihre umfangreichen sowie bekannten Werke über die Haltung und Zucht von Papageienvögeln heraus. Der Handel mit exotischen Vögeln entwickelte sich stetig und die Nachfrage stieg ebenfalls ständig an. Insbesondere Kleinpapageien wie die Agaporniden waren bald verhältnismäßig günstig zu bekommen und boten somit nicht nur den wohlhabenden Vogelliebhabern die Möglichkeit, exotische Vögel zu pflegen. Grauköpfchen, Rosenköpfchen und Orangeköpfchen gelangten zu dieser Zeit jährlich in großer Zahl nach Europa. Der Gedanke an eine Vermehrung von exotischen Vogelarten setzte sich allerdings erst zum Ende des 19. Jahrhunderts mehr und mehr in den Köpfen der Vogelliebhaber fest. Ansonsten wurden Papageienvögel bis dahin lediglich zur Gesellschaft des Menschen angeschafft und oft als Einzelvogel in einem Käfig gehalten.

Als Käfigvogel offensichtlich nicht so sehr beliebt war zu jener Zeit das **Rosenköpfchen.** Karl Ruß schrieb darüber im Jahr 1880: *„Als eigentlicher Stubenvogel ist der Rosenpapagei kaum zu empfehlen, denn er lässt mit Eifer und Lust, fast könnte man sagen mit Wuth, manchmal stundenlang anhaltend ein gellendes, nervenerregendes Geschrei hören."*

Durch die massenhafte Einfuhr der Vögel zum Ende des 19. Jahrhunderts gründeten sich bald die ersten Tierhandelsgeschäfte, die schnell expandierten und schließlich für den stetigen Absatz der importierten Vögel sorgten. Dieser Trend hielt bis kurz vor dem Ersten Weltkrieg an. Die vier Arten mit den weißen Augenringen und auch die Taranta-Unzertrennlichen sind relativ spät

Rosenköpfchen sind relativ früh nach Europa gelangt.

lebend nach Europa gebracht worden. Die ersten Taranta-Unzertrennlichen und Rußköpfchen gelangten schließlich erst Anfang des 20. Jahrhunderts auf den europäischen Vogelmarkt; 1926 folgte das Erdbeerköpfchen und ein Jahr später wurden Schwarz- und Pfirsichköpfchen hierzulande angeboten. In dieser Zeit kam es auch zu etwas größeren Importen vieler anderer *Agapornis*-Arten.

Beachtlich ist, dass die **Erstzucht** von Schwarz-, Pfirsich- und Rußköpfchen bereits ein Jahr nach der Ersteinfuhr gelungen ist, die des Erdbeerköpfchens sogar im gleichen Jahr. Besondere Aufmerksamkeit erhielt im Jahr 1927 ein blaues Schwarzköpfchen, das von einem tansanischen Tierhändler in den Londoner Zoo gelangte. Aus Verpaarungen der normal gefärbten Nachkommen dieses Individuums gingen im Jahr 1931 wieder blaue Mutanten hervor. Dieser Zeitpunkt kann als **Beginn der Mutationszucht** bei den Agaporniden angesehen werden.
Während der beiden Weltkriege und der Zeit dazwischen kam die Vogelzucht innerhalb Deutschlands fast zum Erliegen. Erst einige Jahre nach Beendigung des Zweiten Weltkrieges befassten sich wieder wesentlich mehr Menschen mit der Haltung und Vermehrung der exotischen Vögel. Innerhalb Deutschlands gründeten sich immer weitere Vogelzüchtervereine, in denen die Menschen wieder einer sinnvollen Freizeitbeschäftigung nachgehen konnten. In zahlreichen Importen gelangten in den folgenden Jahrzehnten dann auch wieder die unterschiedlichsten Papageienarten nach Europa und versorgten die Züchter mit Wildfängen. Aber auch das Schauwesen nahm in den Vogelzüchterverbänden eine wichtige Stellung ein. So wurden bald auch Agaporniden nach einem Standard gezüchtet und in Bewertungsschauen der Konkurrenz gegenübergestellt.

Viele Farbmutationen sind im Laufe der Zeit bei allen leicht zu vermehrenden *Agapornis*-Arten, wie beispielsweise dem Rosenköpfchen, entstanden und haben sich sehr schnell in den Zuchtanlagen ausgebreitet. Auch die vier Arten mit den weißen Augenringen nahmen an dieser Entwicklung teil. Bis 2004 konnten hierzulande noch Importe von Agaporniden, die in ihren Heimatgebieten für den Vogel-

Pfirsichköpfchen sind mit Abstand am häufigsten von allen Agaporniden importiert worden.

markt gefangen wurden, verzeichnet werden. Dann nahm das Importgeschehen, verursacht durch gesetzliche Verbote, ein Ende.

In der Gegenwart sind vor allem die Rosenköpfchen und die vier Arten mit den weißen Augenringen zu Tausenden in den Haltungen europäischer Züchter vertreten. Zum einen steuerte die leichte Vermehrung dieser Vögel zu dieser Verbreitung bei, zum anderen geschah dies aber auch durch die Mutationsfreudigkeit und die besondere Wertstellung dieser Vögel für das **Ausstellungswesen.** Gerade bei der Zucht von farblich veränderten Agaporniden hat sich in den letzten Jahrzehnten ein weltweiter Markt gebildet, auf dem für neue Farbschläge immer wieder horrende Summen gezahlt werden. Gänzlich neue Farbveränderungen sind entsprechend selten und werden entsprechend teuer gehandelt. Die älteren bekannten Mutationen verschwinden dadurch aber leider nicht von der Bildfläche. Sie beeinflussen die wenigen noch vorhandenen rein wildfarbenen Individuen nachhaltig.

Gegenwärtiges Ausmaß von Haltungen

Die Agaporniden erfreuen sich nach wie vor sehr großer Beliebtheit bei den Menschen. So sind die anspruchslose Haltung und Ernährung sowie die leichte Vermehrung in Menschenobhut Gründe für die enorme Verbreitung dieser Papageienvögel in europäischen Haltungen. Zahlenmäßig am häufigsten vertreten sind dabei die Rosenköpfchen und einige Arten mit weißen Augenringen. Die mitunter noch zu Tausenden in Deutschland existierenden Agaporniden gehen auf die einst hohen Importzahlen zurück, aber auch auf die Fortpflanzungsbereitschaft einzelner Spezies.
Teilweise wurden in den zurückliegenden Jahren sogar massenhaft Individuen von

Genehmigte bundesdeutsche Importe von Agaporniden für die Jahre 1984 bis 2010 (Jahresstatistiken des Bundesministeriums für Umwelt, Naturschutz und Reaktorsicherheit)

Art	Gesamtimportzahl (Wildfänge)	Gesamtimportzahl (Nachzuchttiere)
Orangeköpfchen	1.225	0
Grauköpfchen	3.795	4
Taranta-Unzertrennlicher	0	0
Rosenköpfchen	0	3.861
Grünköpfchen	0	0
Schwarzköpfchen	0	2.000
Pfirsichköpfchen	23.232	1.526
Erdbeerköpfchen	0	306
Rußköpfchen	0	78

Arten eingeführt, bei denen die Vermehrung kaum Schwierigkeiten bereitet. Um beides miteinander vergleichen zu können, muss man einen Blick auf die vorliegenden Statistiken werfen. So bieten die Jahresstatistiken des Bundesministeriums für Umwelt, Naturschutz und Reaktorsicherheit verlässliche Zahlenangaben über das **Importgeschehen** der vergangenen Jahre und einige größere Vogelzuchtverbände fordern die Mitglieder Jahr für Jahr auf, ihre aktuellen Nachzuchterfolge für die Erstellung einer **Nachzuchtstatistik** zu melden. Einige Züchter kommen dieser Aufforderung auch nach, jedoch muss bei den jährlich durchgeführten Bestandserhebungen und Nachzuchtstatistiken der Vogelzuchtverbände angemerkt werden, dass sich nur ein geringer Teil der Mitglieder an derartigen Umfragen beteiligt und diese Auflistung keinesfalls ein reelles Bild des tatsächlich existierenden Nachzuchtgeschehens bieten kann.

Die in der obigen Tabelle aufgeführten importierten Nachzuchttiere kamen vornehmlich aus Zuchtanlagen osteuropäischer oder auch afrikanischer Länder. Warum gerade von den auch hierzulande häufig gezüchteten Rosenköpfchen, Schwarzköpfchen und Pfirsichköpfchen so viele Individuen aus Drittländern importiert wurden, lässt eigentlich nur zwei plausible Erklärungen zu. Entweder waren die in Drittländern gezüchteten Agaporniden noch billiger als die hierzulande bereits günstig zu erwerbenden Vögel, einschließlich der finanziellen Aufwendungen für den Transport, oder es handelte sich bei den Nachzuchten um falsch deklarierte und somit illegale Wildfangeinfuhren. Geklärt wurden die Hintergründe

solcher Importe bislang nicht.
Die letzten legal aus den Heimatgebieten importierten Agaporniden waren 191 Orangeköpfchen, die ursprünglich aus der Demokratischen Republik Kongo und Kamerun stammen und im Jahr 2004 in die Bundesrepublik Deutschland gelangten. Wann die letzten Taranta-Unzertrennlichen, Schwarzköpfchen, Erdbeerköpfchen und Rußköpfchen als Wildfänge direkt in die Bundesrepublik Deutschland gelangten, lässt sich anhand der vorliegenden Statistiken leider nicht nachvollziehen. Einige wilde Rußköpfchen sind aber 2010 in einen britischen Zoo gelangt, von deren Nachzuchten sich mittlerweile auch wenige Tiere in der Zuchtanlage des Verfassers befinden.

Im Jahr 2004 und 2008 ist das Grauköpfchen in der vorliegenden Nachzuchtstatistik der AZ in zwei Unterarten aufgeführt worden. So wurde hier, neben der sonst aufgeführten Nominatform, auch das Bangs-Grauköpfchen *(Agapornis canus ablectaneus)* mit jeweils zwei Paaren erwähnt, die in beiden Jahren insgesamt 8 / 8 / 0 Jungtiere hervorbrachten. Auch beim Orangeköpfchen kam es in zwei Jahren (2006 und 2007) zu Unterteilung in zwei Unterarten. In jenen Jahren wurden vom Uganda-Orangeköpfchen *(Agapornis pullarius ugandae)* von fünf Paaren in 2006 und sechs Paaren in 2007 insgesamt 8 / 9 / 0 Jungvögel gezogen.
In den Jahren 2000, 2002 und 2008 wurden innerhalb der VZE ebenfalls Statistiken über die Nachzuchten erhoben. Bezüglich der Agaporniden wurden Zahlen ermittelt, die in folgender Tabelle aufgeführt sind.

Diese nur auf Deutschland beschränkten Zahlen belegen deutlich, dass die Agapor-

Agaporniden-Nachzuchten laut Nachzuchterhebung der Vereinigung für Artenschutz, Vogelhaltung und Vogelzucht e. V. (AZ) für den Zeitraum von 2000 bis 2011

Art	Anzahl der Nachzuchten männlich / weiblich / unbekannt	Gesamtzahl (Nachzuchttiere)
Orangeköpfchen	47 / 47 / 9	103
Grauköpfchen	706 / 672 / 150	1.528
Taranta-Unzertrennlicher	1.630 / 1.410 / 333	3.373
Rosenköpfchen	2.737 / 2.970 / 14.971	20.678
Grünköpfchen	0 / 0 / 0	0
Schwarzköpfchen	2.508 / 2.651 / 9.191	14.350
Pfirsichköpfchen	3.520 / 3.892 / 14.341	21.753
Erdbeerköpfchen	474 / 441 / 2.544	3.459
Rußköpfchen	503 / 587 / 2.812	3.902

niden sich insgesamt scheinbar großer Beliebtheit bei den Züchtern erfreuen. Allerdings befinden sich unter den insgesamt 73.373 gezüchteten Exemplaren auch eine Unmenge von Mischlingen, farblich mutierte oder auch spalterbige Vögel. Die Nachzucht artenreiner wildfarbener Vögel dürfte über den angegebenen Zeitraum eher sehr gering sein.
Anders wie bei den genannten beiden deutschen Verbänden stellt sich diese Situation bei den Nachzuchtmeldungen des European Preservation Projekt for Agapornis Species (EPPAS) dar. Innerhalb dieser Initiative befinden sich ausschließlich artenreine und mutationsfreie Agaporniden. Derzeit beteiligen sich insgesamt 37 Züchter aus sechs europäischen Staaten an dieser Arterhaltungsbemühung, worunter sich auch zoologische Einrichtungen befinden. Das Projekt wurde erst Mitte 2009 gegründet.

Auch Mutationen finden in den Nachzuchtstatistiken der deutschen Vogelzüchterverbände Berücksichtigung und verfälschen dadurch den Überblick über die noch vorhandenen artenreinen Bestände. Hier eine Mutation vom Rosenköpfchen.

Agaporniden-Nachzuchten laut Nachzuchterhebung der Vereinigung für Zucht und Erhaltung einheimischer und fremdländischer Vögel e. V. (VZE) für die Jahre 2000, 2002 und 2008

Art	Anzahl gesamt
Orangeköpfchen	0
Grauköpfchen	12
Taranta-Unzertrennlicher	57
Rosenköpfchen	1.448
Grünköpfchen	0
Schwarzköpfchen	1.002
Pfirsichköpfchen	1.522
Erdbeerköpfchen	39
Rußköpfchen	147

Phänotypisches Aussehen verbirgt nicht selten eine Spalterbigkeit

Unter Spalterbigkeit versteht man das Vorhandensein verdeckter, also rezessiver Erbanlagen. Die auch als Heterozygotie bezeichnete Spalterbigkeit ist eine genetische Eigenschaft, die den Zustand eines Erbmerkmals beschreibt. Da jeder Vogel seinen Erbschatz in doppelter Ausführung als diploiden Satz besitzt, ist auch jedes Gen doppelt vorhanden als sogenanntes Allelpaar. Allele sind an der gleichen Stelle in zwei entsprechenden (paarigen) Chromosomen liegende, zueinander passende Erbfaktoren. Sind die Allele jedoch verschieden, wird das durch das dominante Allel geprägte Merkmal wieder im äußeren Erscheinungsbild der Wildform auftreten. In der Regel sind mutierte Allele stets schwächer als die der Wildform und das phänotypische Aussehen bleibt somit zunächst erhalten. Das im Erbgut nun aber vorhandene mutierte Allel wird nur verdeckt und kann weiter vererbt werden. In der Nachkommenschaft kann das mutierte Allel jederzeit wieder sichtbar hervortreten und beispielsweise die bei einem Elterntier bis dahin verdeckte Farbveränderung zeigen.

Die vorliegenden Zahlen der großen Verbände belegen, dass insbesondere die Arten Pfirsichköpfchen, Rosenköpfchen und Schwarzköpfchen bei den Züchtern weit verbreitet sind. Diese drei Arten weisen sich durch eine hohe Fortpflanzungsbereit-

Agaporniden-Nachzuchten laut Nachzuchtstatistiken des European Preservation Projekt for Agapornis Species (EPPAS) für den Zeitraum 2009 bis 2012

Art	Anzahl der Nachzuchten männlich / weiblich / unbekannt	Gesamt
Orangeköpfchen	0 / 0 / 8	8
Grauköpfchen	5 / 4 / 2	11
Taranta-Unzertrennlicher	2 / 4 / 0	6
Rosenköpfchen	0 / 0 / 0	0
Grünköpfchen	0 / 0 / 0	0
Schwarzköpfchen	0 / 0 / 6	6
Pfirsichköpfchen	0 / 0 / 33	33
Erdbeerköpfchen	16 / 23 / 50	89
Rußköpfchen	63 / 56 / 139	258

Vom Rußköpfchen sind in europäischen Haltungen noch einige artenreine und mutationsfreie Exemplare vorhanden.

schaft aus, außerdem sind sie in den zurückliegenden Jahrzehnten in großer Zahl importiert worden.

Innerhalb des EPPAS-Projektes befindet sich derzeit nicht ein Rosenköpfchen und die Nachzuchtzahlen bei Schwarzköpfchen sowie Pfirsichköpfchen sind sehr gering (siehe Tabelle Seite 40).

Diese Tatsache wird damit begründet, dass für das EPPAS-Projekt bislang keine Rosenköpfchen und kaum Angehörige der beiden anderen Arten ermittelt werden konnten, die die zwingend erforderlichen Kriterien der Artenreinheit und Mutationsfreiheit für eine Integration in diese Initiative erfüllen. Entsprechende Rußköpfchen und Erdbeerköpfchen, die diese strengen Voraussetzungen erfüllen, sind noch in geringen Stückzahlen bei den Züchtern zu finden.

Beim Taranta-Unzertrennlichen besteht das Problem der Mutationszucht bisher nur in einem geringen Maß und bei den Arten Orangeköpfchen und Grauköpfchen überhaupt nicht. Bei diesen beiden Arten kommt es in Menschenhand jedoch zu Unterartvermischungen, da in der Gegenwart kaum noch jemand die genaue Herkunft seiner Vögel kennt.

Motivation der Menschen

Mit der Haltung von exotischen Vögeln befassen sich die Menschen bereits seit dem Altertum. Die Motivation, die die Menschen dieser Zeit zur Vogelhaltung bewegte, ist seitdem in gewissem Maß gleich geblieben. Das Streben nach dem Besitz von etwas Seltenem, nach einem Prestigeobjekt, wie es noch bis zum Ende des 19. Jahrhunderts besonders im Bezug auf die meisten Großpapageien ausgeprägt war, hat sich tatsächlich bis in die Gegenwart gehalten – mit einem kleinen Unterschied allerdings: Die wertvollen Vögel werden heute kaum noch in kostbaren Käfigen gehalten, sondern eher in modernsten Zuchtanlagen, in denen sich oft ganze Kollektionen äußerst wertintensiver Vögel befinden. Die Besitzer solcher Vögel leisten sich mitunter eigene Biologen für die Betreuung ihrer Kostbarkeiten und Tierärzte werden für die regelmäßigen Untersuchungen extra eingeflogen. Die Grenze zwischen Tierliebe, Sammelleidenschaft oder auch Geltungssucht ist bei diesen Menschen oft kaum noch wahrnehmbar. Dies trifft allerdings kaum auf die Halter von Agaporniden zu, die nach den derzeitigen Marktpreisen im Normalfall eher günstige Vögel pflegen.
Agaporniden-Halter können entsprechend ihrer Motivation aber dennoch in sehr verschiedene Gruppierungen unterteilt werden. Zum einen sind dies die Vogelliebhaber, die gern einen Vogel oder sogar ein Paar in einem Käfig oder einer Zimmervoliere halten, um sich an der Gegenwart dieser Lebewesen in den eigenen vier Wänden zu erfreuen.
Zweifelsohne eignen sich einige Agaporniden-Arten hierfür wesentlich besser als beispielsweise Graupapageien, Amazonen oder Kakadus. Doch sollte selbst diesen kleinen Papageien ein großes Maß an Bewegungsfreiheit zugestanden werden, die ihnen in einem engen Käfig nicht geboten werden kann. An dieser Stelle sollte aber auch gleich angefügt werden, dass sich verhältnismäßig wenig Agaporniden in den Wohnzimmern befinden, sondern dort eher die Wellensittiche *(Melopsittacus undulatus)* und Nymphensittiche *(Nymphicus hollandicus)* vertreten sind.

Die meisten Agaporniden befinden sich hingegen wohl in den Händen von Züchtern, die mit ihrer Papageienzucht keine besondere Zielrichtung verfolgen. Diese orientieren sich eher nach dem derzeitigen Angebot auf dem Vogelmarkt und erfreuen sich an einer bunten Vogelschar in der Voliere. Häufig sind es die Anfänger in der Vogelzucht, die sich Agaporniden anschaffen und sehr oft nach einiger Zeit bereits wieder anderen Arten widmen und somit neue Herausforderungen suchen.
Manche Menschen aber kaufen entsprechende Vögel unter den üblichen Durchschnittspreisen ein, hoffen anschließend auf eine baldige Reproduktion oder verkaufen die kürzlich erworbenen Vögel bei einem ausbleibenden Nachzuchterfolg oder einem lukrativen Geschäft bereits an der nächsten Straßenecke wieder mit etwas Gewinn. So kann auch zum Ende der

vielerorts stattfindenden Vogelbörsen beobachtet werden, wie Vögel mitunter zum halben Marktwert von Einzelpersonen aufgekauft werden, die diese Lebewesen dann auf eine der nächsten Börsen wieder zu wesentlich höheren Preisen zum Verkauf anbieten. Häufig sind davon Vogelarten wie Zebrafinken, Diamanttäubchen und Wellensittiche, aber auch Agaporniden betroffen. Die Verkäufer argumentieren auf Nachfrage häufig, dass die Vögel bei einer erneuten Unterbringung in der heimischen Anlage über kurz oder lang mehr fressen als sie eigentlich wert sind. Schließlich bringen die Nachzuchten dann bei einem Verkauf zum halben Preis wenigstens noch etwas Gewinn ein.
Häufig zeigen sich einige Züchter aber auch darüber frustriert, dass die Nachzuchten von reproduktionsfreudigen Arten kaum noch an den Mann gebracht werden können. Dazu zählen unter den Agaporniden derzeit hauptsächlich Rosenköpfchen, Pfirsichköpfchen und Schwarzköpfchen. Dennoch ist die profitorientierte Zucht mit Vögeln immer noch sehr weit verbreitet.

Bereits vor dem Zweiten Weltkrieg wurden von kleineren Vereinen erste Vogelschauen in einigen Orten ausgerichtet, die sich in der Bevölkerung einer großen Beliebtheit erfreuten. Jedoch nahm die Zucht von Vogelarten mit Beginn der Kriegswirren ab; dieser Zustand hielt noch einige Jahre nach dem Ende des letzten Weltkrieges an. Das Futter war zu dieser Zeit knapp und natürlich zogen die meisten Menschen es vor, das wenige zur Verfügung stehende

Aufgrund ihres günstigen Anschaffungspreises werden vor allem Rosenköpfchen und die vier Arten mit den weißen Augenringen gern von Anfängern in der Vogelzucht gehalten. Hier ein Erdbeer- und ein Rußköpfchen.

Geld für Lebensmittel anstelle für den Erwerb von Vögeln auszugeben.
Aber bald schon normalisierte sich das Leben der europäischen Bevölkerung wieder etwas und die noch junge Tradition der Vogelschauen wurde fortgesetzt. Immer neue Vereine entstanden im Laufe der Zeit und die Züchter liebten es nahezu, die Ergebnisse ihres Hobbys der breiten Bevölkerung zu präsentieren. Durch die immer weiter anwachsenden Züchterzahlen stieg auch das Interesse an einer Bewertung von Wildvögeln. Richtlinien wurden erarbeitet, die für die entsprechenden Vogelarten festlegen, wie groß das einzelne

Exemplar sein darf, in welcher Intensität und in welchem Ausmaß bestimmte Färbungen auftreten dürfen, in welchem Winkel sich der Vogel auf der Sitzstange zu „präsentieren“ hat oder ob die Spitzen der Schwungfedern sich auf dem Rücken kreuzen dürfen oder nicht.

Mit Einführung dieser Standards wurden mit der Zeit fast schon Einheitsvögel geschaffen, unter denen allerdings nur wenige ihrem Idealbild derart nahe kamen, dass sie als Ergebnis auf den immer größer werdenden nationalen Bewertungsschauen mit Siegerehren bedacht werden konnten. Siegervögel erlangten durch die steigende Konkurrenz eine immense Aufwertung und die aus solchen Gewinnern hervorgegangenen Nachzuchten waren fast schon zum Erfolg verdammt. So ist es nicht verwunderlich, dass für Nachkommen guter Schauvögel immer noch hohe Summen gezahlt werden.

Daher träumen viele Züchter von Bewertungsvögeln von dem Glück, irgendwann einmal auf eine der nationalen oder sogar internationalen Bewertungsschauen einen ersten Platz zu belegen. Bei einigen dieser Menschen ist sicherlich das züchterische Interesse vordergründig, bei anderen scheint die züchterische Arbeit hingegen doch eher profitorientiert zu sein. Allerdings mussten die großen Vogelzuchtverbände nach einiger Zeit auch Überlegungen anstrengen, damit das Schauwesen für die Verbandsmitglieder attraktiv bleibt. Die Konkurrenz innerhalb der einzelnen Schauklassen wurde schließlich zu groß und die Aussicht auf

Schauklassen für Mutanten sind für den Laien unüberschaubar. Hier allein drei Mutationen vom Rosenköpfchen.

einen der begehrten vorderen Plätze rückte für viele Bewertungsvogelzüchter in weite Ferne.
Um dieses Lager etwas aufzuspalten, mussten weitere Schauklassen geschaffen werden. So wurden und werden immer wieder neue Standards für Vogelarten entworfen, um die Chance auf einen Gewinn für jeden Einzelnen zu vergrößern. Fast schon selbstverständlich spielen hierbei zunehmend die Mutationen eine wesentliche Rolle.

Mutationszucht

Bei der Bundesmeisterschaft der AZ in Kassel im Jahr 2012 gab es beispielsweise allein für Agaporniden Einteilungen in insgesamt 120 Schauklassen! Diese 120 Schauklassen beinhalten auch die hierzulande haltungsrelevanten acht *Agapornis*-Arten in ihrer Wildfarbe. Daraus ergibt sich, dass allein bei den Agaporniden inzwischen 112 Schauklassen für Mutanten geschaffen wurden, und selbst Mutanten, die nicht in der Schauklasseneinteilung aufgeführt sind, gelten im Schauwesen der AZ-AEV als Neumutanten und können somit ebenfalls ausgestellt und bewertet werden. 2012 sind in den 120 Schauklassen für Agaporniden insgesamt 542 Individuen ausgestellt worden, von denen in 78 Schauklassen drei und weniger Vögel im Vergleich zueinander standen. Von einem Konkurrenzkampf kann hier kaum die Rede sein. Immerhin wurden in den übrigen Schauklassen aber fünf Bundesgruppensieger sowie 23 Gruppensieger gekürt und es wurden 18 Goldmedaillen, 21 Silbermedaillen und 10 Bronzemedaillen vergeben. Den größten Anteil, gleichzeitig auch mit den meisten Schauklassen für Mutanten, hatten dabei die Rosenköpfchen.

Variationsbreite auf Artniveau

In der Natur zeigen die Lebewesen innerhalb ihrer Gesamtpopulation ständig Unterschiede in Größe, Gewicht und Gestalt. Dies kann sogar unter den gleichen Umweltbedingungen erfolgen. Die messbaren Größen variieren immer um einen bestimmten Wert. Dieses Phänomen ist in allen Bereichen der Vererbung allgegenwärtig und wird als Variabilität bezeichnet. Die Merkmale werden nicht ausschließlich durch das Erbgut bestimmt, sondern mit einer gewissen Variationsbreite, einer Reaktionsnorm vererbt. Festgelegt ist hierbei eine obere und eine untere Grenze, die Ausprägung eines jeden Merkmals selbst erfolgt eher zufällig. Die Berechnung dieser Normalverteilung erfolgt nach Carl Friedrich Gauß.

Es kann nicht verleugnet werden, dass die Zucht von standardisierten Wildvögeln, die in ihrem äußeren Erscheinungsbild dem Artgenossen in der Natur sogar ähneln, wenig mit der Erhaltung von Arten durch Zucht gemein hat. Auch wenn ein Standard für Wildvögel sich in den meisten Fällen innerhalb der Variationsbreite einer Art bewegt, würde es genau diesen Toleranzwert innerhalb einer Population verfälschen, wenn beispielsweise eine große Anzahl eines gewissen Standards entsprechender Vögel mit der Wildpopulationen ihrer Spezies vermischt werden würde. Die zulässige Toleranz müsste sich demzufolge verkleinern und wäre beispielsweise bei einer nur aus Idealvögeln bestehenden Gruppe gleich Null. Ohne Zweifel ist diese Tatsache aber noch lange nicht als so problematisch anzusehen wie die Mutationszucht.

Die Zucht von farbveränderten Agaporniden trägt schon seit vielen Jahrzehnten zu einer Veränderung der jeweiligen Arten bei, und zwar in zweierlei Hinsicht. Zum einen sind es die Mutationen an sich, die immer wieder gezielt von Generation zu Generation weiter vererbt werden. Manch ein Mensch findet blaue Schwarzköpfchen einfach nur schöner als den grünen Wildvogel seiner Art und über einen solchen Geschmack lässt sich bekanntlich streiten. Ein anderer Züchter wiederum ist durch Zufall vielleicht einmal an die „billigen" wildfarbenen Schwarzköpfchen gekommen, hat gute Erfahrungen mit der leichten Vermehrung dieser Art sammeln können und möchte nun seine Gewinnerträge aus der Vogelzucht steigern, indem er sich zwar die gleich gut züchtenden, aber etwas teureren blauen Vögel anschafft. Wieder andere Züchter können tatsächlich als Profis bezeichnet werden, wenn es um die Vererbungsregeln von bereits vorhandenen Mutationen geht. Verpaarungsexperimente mit solch bunten Vögeln sind dann fast schon an der Tagesordnung und mit viel Glück kommt es nach jahrelangen Bemühungen zum ersehnten Erfolg, nämlich zu einer neuen attraktiven Farbkombination oder gar Neumutation. Fängt man es clever an, spielt eine solche Neumutation zu Beginn ordentlich Geld in die Kasse und sollte sich die neue Farbe über eine lange Zeit in Züchterkreisen behaupten können, wird es über kurz oder lang auch eine eigene Schauklasse für diese Mutation in einem der großen Vogelzüchterverbände geben, für die dann wieder Jahr für Jahr ein Sieger gesucht wird. Daraus ergibt sich ein Kreislauf ohne Ende. Wenn an dieser Stelle schon ein besonderer Bezug auf die Mutationen genommen wird, darf auch nicht verleugnet werden, dass es vereinzelt Züchter gibt, die nicht einmal mehr wissen, wie der Wildvogel einer Art eigentlich gefärbt ist; zum Glück sind dies aber immer noch Ausnahmen.

Mischlingszucht

Fast gleichzeitig mit den Mutationen schlich sich aber ein weiteres Problem in die Vogelzucht ein – die Mischlingszucht. **„Transmutation"** hieß einst das Zauberwort, das bei der Zucht von Agaporniden-Mutationen schnell eine große Bedeutung erlangte. So soll beispielsweise von den in Menschenobhut gehaltenen Rußköpfchen bislang keine einzige Mutation gefallen sein, die schließlich durch eine gezielte Weiterzucht innerhalb der Art gefestigt werden konnte. Dennoch existieren zahlreiche Mutationen auch bei dieser Art. So sollen Kreuzungen von wildfarbenen

Rußköpfchen mit blauen Schwarzköpfchen einst dafür gesorgt haben, dass die ersten blauen Rußköpfchen auf dem Vogelmarkt erschienen sind. Bei Verpaarungen solch blauer Rußköpfchen mit einem wildfarbenen Artgenossen kommen bei den Nachkommen immer wieder „wildfarbene" Rußköpfchen vor, die dann aber meist spalterbig sind und in nachfolgenden Generationen wiederum blaue (Mischlings-) Vögel hervorbringen können. Betrachtet man sich diese wildfarbenen Vögel aber etwas genauer, wird man leicht feststellen können, dass beispielsweise die ansonsten grünen Federn im Bürzelbereich einen deutlich erkennbaren bläulichen Schimmer aufweisen.

Das Foto zeigt einen Rußköpfchen-Mischling, bei dem die blaue Färbung im Bürzelbereich deutlich zu erkennen ist.

Hierbei handelt es sich um ein Mischlingsmerkmal, dass selbst in der heutigen Zeit immer wieder bei Ruß- oder auch Erdbeerköpfchen zu finden ist. Mischlingsmerkmale sind manchmal aber auch bei den durch Transmutationen entstandenen Mutationen erkennbar. Hier versucht man allerdings, diese Merkmale durch gezielte Verdrängungszucht „wegzuzüchten" und somit hinter der Mutationsfärbung zu verbergen. Vögel mit eindeutigen Mischlingsmerkmalen sind für die weitere Vermehrung natürlich nicht mehr zu gebrauchen und sollten allerhöchstens als Stubenvögel Verwendung finden.

Zu Mischlingen kommt es aber auch noch durch die Experimentierfreude mancher Züchter oder auch einfach nur aus Mangel an einem geeigneten artgleichen Partner. Ein derartiges Handeln ist selbstverständlich ebenso streng zu verurteilen.

Zuletzt soll an dieser Stelle aber noch eine Züchtergruppe genannt werden, die sich den Erhalt von Arten auf die Fahnen geschrieben haben. Hierbei versuchen engagierte Menschen, die jeweiligen Arten so zu erhalten, wie sie in der Natur vorzufinden sind, in ihrer natürlichen Färbung und den zugelassenen Toleranzwerten in allen Bereichen. Dabei wird den Initiatoren solcher Bemühungen ein gewisses Management abverlangt, welches die verwandtschaftsferne Vermehrung einer Gründerpopulation sowie aller sonst noch dazukommenden Individuen, aber auch die daraus im Laufe der Jahre hervorgehenden Nachzuchten mit einschließt. Wie derartige Projekte organisiert sind, wird in einem der nachfolgenden Kapitel erläutert.

Tendenzen der vorhandenen Bestände

Die weitere Entwicklung hiesiger *Agapornis*-Bestände wurde bereits angeschnitten. Gegenwärtig sieht es so aus, dass sich sehr wahrscheinlich kein einziges wirklich mutationsfreies **Rosenköpfchen** mehr in hiesigen Haltungen befindet. Die vorhandenen Bestände dieser Art sind hierzulande derart durchseucht, dass aus einem Gelege sogar Jungvögel mehrerer Farbmutanten hervorgehen können. Das Rosenköpfchen kann letztendlich nur noch als bunter Mischmasch bezeichnet werden. Bei den vier Arten mit den weißen Augenringen stellt sich diese Situation ähnlich gravierend dar; unter ihnen gibt es ebenfalls eine große Menge farbveränderter Vögel und zahlreiche Mischlinge. Jedoch haben sich insbesondere bei den **Rußköpfchen, Erdbeerköpfchen** und im geringeren Maße auch **Pfirsichköpfchen** gesunde Bestände erhalten, die direkt aus Importen aus der Heimat dieser Tiere hervorgegangen sind. Die Vermehrung dieser Vögel erfordert für die Zukunft ein gutes Zuchtbuchmanagement.

Nicht nur wegen der auffälligen Farbmutationen können hierzulande die Rosenköpfchen nur noch als bunter Mischmasch bezeichnet werden. Auch die häufig als wildfarben angepriesenen Rosenköpfchen gleichen ihren Verwandten in Afrika nur selten.

Für das **Schwarzköpfchen** scheinen sich hingegen in der Vergangenheit kaum Züchter gefunden zu haben, die auf eine Vermehrung dieser Tiere nach den Grundsätzen der Artenreinheit geachtet haben.

Das **Grauköpfchen** ist scheinbar in beiden existierenden Unterarten nach Europa gelangt; jedoch wurden Angehörige beider Subspezies bereist während des eigentlichen Importgeschehens vereint und kaum ein Händler – oder später auch Züchter – machte sich die Arbeit, die vorhandenen Grauköpfchen anhand ihrer gering ausgeprägten Unterartmerkmale zu differenzie-

ren. Somit existieren heute wohl ausnahmslos Mischlinge beider Subspezies in den europäischen Haltungen, die keinesfalls mehr auseinanderzuhalten sein dürften.
Das Grauköpfchen ist eine Art, deren Vermehrung nicht so einfach gelingt. Allerdings sind gegenwärtig genügend Tiere in Menschenobhut vertreten, sodass ein Überleben der Grauköpfchen in den Zuchtanlagen als gesichert gelten dürfte.

Die beim Grauköpfchen erwähnte Unterartenproblematik betrifft auch das **Orangeköpfchen.** Auch bei dieser Art dürfte es für eine Unterteilung der wenigen in Menschenobhut noch existierenden Exemplare in einzelne Subspezies zu spät sein. Hinzu kommt, dass sich das Orangeköpfchen aufgrund seiner besonderen Fortpflanzungsbiologie sehr schwer vermehren lässt. Ob der Bestand in Menschenobhut langfristig gesichert werden kann, ist nach wie vor fraglich.

Taranta-Unzertrennliche zählen ebenfalls nicht unbedingt zu den leicht zu vermehrenden Vogelarten, aber die Zucht dieser Art gelingt wesentlich besser als die des Orangeköpfchens. Eine Problematik könnte sich in den kommenden Jahren allerdings dennoch ergeben, denn vor einigen Jahren sind auch hier erste Mutationsformen aufgetaucht. Zwar handelt es sich dabei nur um weniger attraktive Verfärbungen des grünen Gefieders, aber dennoch ist auch bei dieser Art der erste Schritt bei der Mutationszucht getan.

Das **Grünköpfchen** spielt für hiesige Haltungen und selbst für Haltungsversuche in seiner afrikanischen Heimat keine Rolle; es muss deshalb an dieser Stelle nicht weiter erwähnt werden.

Das EPPAS-Zuchtprojekt

Im August 2009 wurde innerhalb der Vereinigung für Zucht und Erhaltung einheimischer und fremdländischer Vögel e. V. (VZE) die Idee geboren, ein Erhaltungszuchtprojekt für Rußköpfchen zu initiieren. Die Aufgabe des Ansprechpartners dieser Initiative übernahm der Verfasser dieses Buches. Die Projektarbeit wurde zunächst auf das Rußköpfchen beschränkt, um die anfängliche Entwicklung der gesamten Initiative besser kontrollieren zu können.
Zu Beginn mussten schließlich gesunde, artenreine und mutationsfreie Ausgangstiere für eine Gründerpopulation gefunden werden. Bei der Suche nach geeigneten Vögeln beschränkten sich die Initiatoren nicht nur auf die Bundesrepublik Deutschland, sondern bereits von Anfang an war eine europaweite Zusammenarbeit mit anderen Züchtern und Institutionen vorgesehen. Dazu wurden in einigen Ländern nationale Abteilungen des EPPAS-Projektes gegründet mit Ansprechpartnern, die in ihrem jeweiligen Land die Kontakte zu den betreffenden Züchtern halten.
Die Daten der gemeldeten Vögel werden in einer speziellen Zuchtbuchsoftware eingepflegt, die bei geplanten Verpaarungen

Unterschiedliches Niveau bei privatgeführten Zuchtprojekten

Hobbyzüchter schließen sich mitunter zu kleinen Gruppen zusammen, die das Ziel verfolgen, eine bestimmte Vogelart so zu vermehren, dass ihre genetische Variabilität über längere Zeit erhalten bleibt. Dabei wird versucht, enge verwandtschaftliche Verpaarungen zu vermeiden, und hauptsächlich darauf geachtet, dass Individuen unterschiedlicher Zuchtlinien miteinander vergesellschaftet werden. Eine konsequente Zuchtbuchführung findet dabei jedoch nicht statt. Auch manche bereits als professionell bezeichnete Zuchtprogramme arbeiten in ähnlicher Weise, wobei die einzelnen Tiere dort zwar in einem Zuchtbuchprogramm registriert sind, aber eine Vermittlung verwandtschaftsferner Vögel unter den Zuchtprojektteilnehmern nicht stattfindet. Die Züchtergruppe ist dabei meist erheblich größer als die vorgenannte und die registrierten Vögel übersteigen mitunter auch die Tausendermarke; bestenfalls können derart geführte „Zuchtprojekte" aber als Interessengemeinschaften bezeichnet werden.
Andere privatgeführte Zuchtprojekte gleichen denen von wissenschaftlich geführten Zoos, nur dass die registrierten Vögel stets Eigentum der jeweiligen Züchter bleiben. Die Vermittlung der teilnehmenden Vögel findet hier in erster Linie unter den Projektteilnehmern statt mit dem Ziel, stabile artenreine und gesunde Bestände einer Art zu schaffen und die genetische Variabilität darin zu erhalten.

einen Inzuchtkoeffizienten errechnen lässt und somit eine verwandtschaftsferne Vermehrung einzelner Arten ermöglicht. Inzuchtdegenerationen können auf diese Weise bei nachfolgenden Generationen weitestgehend vermieden und eine größtmögliche genetische Variabilität bewahrt werden.
Die Vermittlung von Vögeln erfolgt in der Regel über den Koordinator des zentralen Zuchtbuchs innerhalb des Zuchtprojektes, wobei die Vertraulichkeit im Umgang mit den gemeldeten Daten stets gewahrt wird. Erst wenn abzugebende Tiere nicht mehr innerhalb des Projektes vermittelt werden können, dürfen sie auch außerhalb der Initiative angeboten werden. Die Agaporniden bleiben natürlich immer Eigentum des jeweiligen Züchters; niemand muss bei einer Teilnahme an dem Projekt um seinen Besitzstatus bangen.
Sofern gemeldete Vögel die Voraussetzungen der Artenreinheit und Mutationsfreiheit erfüllen, erhalten sie ein Zertifikat. Bei der ersten Zertifizierungsaktion im November 2011 konnten Projektteilnehmer ihre Agaporniden einem unter wissenschaftlicher Leitung stehenden Zertifizierungs-team vorstellen, das die mitgebrachten Vögel dann direkt mit Wildvogel-Bälgen

und professionellen Freilandaufnahmen verglich und auf Mischlingsmerkmale sowie Mutationsanzeichen hin untersuchte; außerdem wurden die mitgebrachten Agaporniden fachgerecht vermessen und gewogen. Die gleichen Maße wurden dann auch in der darauffolgenden Zeit vom Verfasser an Sammlungstücken naturhistorischer Museen genommen, die später mit den Maßen der bereits zertifizierten Individuen verglichen werden können.

Ziel derartiger Aktionen soll es sein, die einzelnen *Agapornis*-Arten in Menschenobhut so zu züchten, dass diese sich in ihrem Phänotyp nicht vom Artgenossen in der afrikanischen Wildnis unterscheiden – natürlich unter Beachtung der bei den Wildvögeln vorhandenen Variationsbreite. Individuen, die dem Artangehörigen aus der Natur nicht gleichen, werden aus dem Zuchtbuch gestrichen. Die übrig gebliebenen Agaporniden werden stets verwandtschaftsfern miteinander verpaart, um eine größtmögliche genetische Variabilität des Gesamtbestandes zu erreichen.

Unter den Zuchtrichtern einiger deutscher Vogelzuchtvereine stoßen derartige Zertifizierungsaktionen auf Unverständnis. Die Zuchtrichter fühlen sich übergangen, wenn sie an derartigen Initiativen nicht beteiligt werden, und sie wollen es ganz einfach nicht begreifen, dass die Zertifizierung von Vögeln im Vergleich zu ihren artgleichen Exemplaren aus der Natur und die Bewer-

Artenreine und mutationsfreie Bestände von einzelnen Arten aufzubauen und diese in einer größtmöglichen genetischen Variabilität zu erhalten, sind das oberste Ziel des EPPAS-Projektes. Hier Nachzuchtvögel vom Rußköpfchen (F2-Generation von Wildimporten).

tung von Vögeln nach festgelegten und vom Menschen geschaffenen Standards für Schauvögel zwei grundsätzlich unterschiedliche Dinge sind. So stoßen derartige Bemühungen nicht überall auf die gewünschte Akzeptanz.

Die einzige Aufgabe, die ein jeder Teilnehmer jährlich leisten muss, ist die Bestandsmeldung zum Ende eines jeden Kalenderjahres. Die Jahresstatistik fließt dann in einen Rundbrief ein, der auch alle Neuigkeiten der vergangenen Monate beinhaltet und den Projektteilnehmern zugesandt wird. Auch dem Erfahrungsaustausch der Teilnehmer untereinander soll das EPPAS-Projekt dienen sowie die bereits bestehende Kontakte zu zoologischen Einrichtungen festigen.
Ein weiterer wichtiger Punkt der Projektarbeit sind die Kontakte zu Wissenschaftlern, die sich im Freiland mit dem Studium

Die Sammlungen naturhistorischer Museen bieten eine gute Möglichkeit, die hiesigen Bestände mit Freilandexemplaren einzelner Arten zu vergleichen. Hier die zwei Typusexemplare vom Pfirsichköpfchen (a) und vom Schwarzköpfchen (b) aus dem Zoologischen Museum Berlin, nach denen die wissenschaftliche Erstbeschreibung erfolgte.

der Agaporniden befassten oder immer noch beschäftigen. Der Verfasser unterhält Kontakte mit Dr. Louise Warburton (Großbritannien), Tiwonge Gawa (Malawi) und Henry Ndithia (Kenia), den drei Wissenschaftlern, die in der Vergangenheit Freilandstudien an Rußköpfchen, Erdbeerköpfchen und Rosenköpfchen durchgeführt haben. Aber auch hierzulande werden Kontakte zu Wissenschaftlern gepflegt, die zum Fortschritt der Projektarbeit beitragen.

So entstanden Überlegungen, wie die allgegenwärtigen Mischlinge und die sogenannten spalterbigen Vögel zweifelsfrei erkannt werden können. Dr. Till Töpfer vom Zoologischen Forschungsmuseum Alexander Koenig (ZFMK) in Bonn brachte diesbezüglich eine Idee mit in die Projektarbeit ein, wonach es möglich werden könnte, dass mit molekulargenetischen Untersuchungsmethoden die Artenreinheit der verschiedenen *Agapornis*-Spezies festgestellt werden kann. Hierzu müssen im Vorfeld einige markante genetische Unterscheidungsmerkmale bei den einzelnen Arten gefunden werden. Selbstverständlich muss das Ausgangsmaterial für diese wissenschaftliche Untersuchung dann von Wildvögeln stammen. Um dies zu realisieren, sagte Prof. Mike Perrin, Direktor vom Forschungszentrum für afrikanische Papageien an der Universität von Kwa-Zulu-Natal in Pietermaritzburg, Südafrika, seine Zusammenarbeit bei der Beschaffung geeigneten Materials zu.
Einige besonders erwähnenswerte Dinge haben sich im Laufe der Projektarbeit ereignet. So wurden nationale Ansprechpartner in der Schweiz, den Niederlanden, in Spanien und in Dänemark gefunden. Im April 2011 startete Kate Atwell vom Bristol Zoo in Großbritannien ein „Species Monitoring“ für das Rußköpfchen in zoologischen Einrichtungen Europas; sie steht mit den Initiatoren des EPPAS-Projektes in Kontakt. Im Mai 2011 organisierte die VZE eine Artenschutztagung in Berlin, bei der 1.000,- EUR für ein Erdbeerköpfchen-Forschungsprojekt in Malawi gesammelt und an Tiwonge Gawa übergeben werden konnten.
Weitere Aktionen, die zum Erhalt der *Agapornis*-Spezies im Freiland, aber auch in Menschenobhut beitragen können, sind geplant. Darum bittet der Verfasser auch alle Interessenten an einer artenreinen und mutationsfreien Vermehrung von Agaporniden, sich mit ihm in Verbindung zu setzen und sich an dem EPPAS-Projekt zu beteiligen, um den Gesamtbestand artenreiner Vögel weiter zu vergrößern. Am 31. Dezember 2012 waren insgesamt 533 Agaporniden in dem EPPAS-Zuchtbuch registriert; der Bestand teilte sich zu diesem Zeitpunkt wie folgt auf:

295 Rußköpfchen
151 Erdbeerköpfchen
17 Pfirsichköpfchen
11 Schwarzköpfchen
21 Grauköpfchen
15 Taranta-Unzertrennliche
23 Orangeköpfchen

In einer großen Voliere fühlen sich Agaporniden wohl.

Artgerechte Haltung und Zucht von Agaporniden

In der Gegenwart werden Agaporniden von einigen Züchtern häufig in engen Zuchtboxen (in der Regel mit etwa 0,4 m Tiefe, 0,8 m Breite und 0,4 m Höhe) gehalten, in denen zwar durchaus eine kontrollierte Vermehrung stattfinden kann, den Tieren aber nur ein Mindestmaß an Bewegung zugestanden wird. Einige Züchter bieten ihren Vögeln wiederum große Volieren als Flugräume, in denen verträgliche *Agapornis*-Arten als Schwarm gehalten werden können.
Bei Überlegungen zur Unterbringung von Unzertrennlichen müssen immer die spezifischen Richtlinien beachtet werden, die sich von Bundesland zu Bundesland durchaus unterscheiden können. Auch die Durchsetzung derartiger Verordnungen wird von den zuständigen Ämtern nicht immer in gleicher Intensität durchgeführt, dennoch ist man in jedem Fall immer gut beraten, wenn man sich an die jeweiligen Vorgaben hält.

Das Bundesministerium für Ernährung, Landwirtschaft und Forsten sieht in dem „Gutachten über Mindestanforderungen an die Haltung von Papageien“ für die Haltung von einem Paar Agaporniden ein Schutzhaus mit einer Grundfläche von 0,5 m² vor, mit einer daran angeschlossenen Voliere in der Größe von 1 m Länge, 0,5 m Breite und 0,5 m Höhe. Während der Zuchtperiode können Angehörige der Gattung *Agapornis* auch in ausreichend dimensionierten Käfigen untergebracht werden.

Rußköpfchen gelten als sozial verträgliche Art. Selbst während der Fortpflanzungsperiode können mehrere Vögel in einer Voliere gehalten werden.

Die beste Unterbringung, auch zur Fortpflanzungszeit, erfolgt zweifelsfrei in einer kombinierten Innen-/Außenvoliere. Darin können die Vögel deutlich mehr Reize aufnehmen als in den dreiseitig abgeschlossenen und in geschlossenen Räumen befindlichen Zuchtkäfigen.

Bei ausreichend groß dimensionierten Volieren können Rosen-, Schwarz-, Pfirsich-, Erdbeer- und Rußköpfchen auch in kleineren Schwärmen gehalten werden, was ihrer natürlichen Lebensweise bedeutend näher kommt, dem normalen Betrachter ein schönes Beobachtungsfeld bietet und Verhaltensforschern zudem ein äußerst interessantes Forschungsgebiet. An dieser Stelle wird daher nur auf eine Haltung in Volieren eingegangen.

Volierenhaltung

Eine Voliere setzt sich meistens aus zwei Bestandteilen zusammen. Eine **Innenvoliere** bietet den untergebrachten Vögeln Schutz vor schlechtem Wetter, vor einheimischen Räubern und sonstigen störenden Umwelteinflüssen. Sie ist außerdem ein Ort, in dem das Futter ganzjährig angeboten werden kann und in dem gerade zur Winterzeit eine Tageslichtverlängerung mittels künstlicher Beleuchtung sowie gegebenenfalls eine Beheizung erfolgen können.

Der andere Teil der Unterkunft ist die **Außenvoliere,** die zum Teil überdacht den Vögeln einen Aufenthalt im Freien erlaubt. Hier können die Agaporniden die Sonne und den Regen genießen, aber auch zahlreiche andere Sinnesreize auf sich wirken lassen.

Das **Schutzhaus** kann ein solider Mauerwerksbau sein und bietet so eine lange Lebensdauer; aber auch eine Holzbauweise ist denkbar, wenn man einige grundlegende Dinge bedenkt. Bei beiden Varianten muss ein gutes Fundament für den nötigen Halt der Konstruktion sorgen und der Fußboden sollte keinem anderen Tier (Ratten, Mäuse) Zugang zur Vogelbehausung erlauben. Denkbar ist ein Betonfußboden, der gefliest werden kann und so Voraussetzungen für eine vorbildliche Reinigung bietet. Das Mauerwerk sollte von Innen glatt verputzt oder ebenfalls gefliest werden und die Dachkonstruktion mit einem entsprechendem Dämmmaterial versehen sein.

Bei einer Holzkonstruktion sollte das gesamte Gebäude gedämmt werden und somit aus zwei Hüllen bestehen, zwischen denen die Dämmmaterialien eingebracht werden. Die Innenwände dürfen den Agaporniden dabei keine Ansatzmöglichkeit zum Benagen bieten. Entweder wählt man ein glattes Obermaterial oder man versieht beispielsweise Gipskartonplatten ebenfalls mit Fliesen.

In der Innenvoliere sollte ein **Futterplatz** eingerichtet werden, an dem die Unzertrennlichen täglich versorgt werden können, möglichst ohne die Vögel mehr als nötig zu stören. Hierfür sind aus Aluminium industriell hergestellte Volierenbauteile zu empfehlen, die als Türen Futterklappen beziehungsweise Futterdrehtische besitzen, die zwischen zwei und sechs Futternäpfe aufnehmen können und die eine tägliche Versorgung der Tiere ohne das Betreten der Innenvoliere erlauben. Weiterhin sollten sich in dem Innenraum ausreichend viele Sitzmöglichkeiten befinden, die allen Bewohnern der Zuchtanlage Platz bieten können, auch wenn es doch einmal zu Streitigkeiten untereinander um den besten Sitzplatz kommt. Während der Fortpflanzungsperiode sollten auch in der Innenvoliere Bruthöhlen für die Agaporniden angeboten werden, denn einige Arten bevorzugen eine ruhige und geschützte Umgebung während des Brutgeschehens.

Manche *Agapornis*-Arten haben sich nach den Berichten einiger Züchter in unseren Breiten als durchaus winterhart erwiesen und sogar einige Minustemperaturen im Freien scheinbar problemlos überstanden. Die meisten Arten gelten als robust und widerstandsfähig. Lediglich die in Menschenobhut befindlichen Orangeköpfchen verlangen nach etwas mehr Aufmerksamkeit bei der Haltung. Auch die Grauköpfchen gelten als etwas heikler in der Pflege. So sollte der verantwortungsvolle Züchter sich annähernd nach den klimatischen Verhältnissen in den Heimatgebieten der zu pflegenden Vogelart richten und versuchen, diese hierzulande wenigstens an-

Eine Sommervoliere für Grauköpfchen beim Verfasser.

Gesetzliche Bestimmungen

Im Vorfeld der Bauplanung sollten einige gesetzliche Bestimmungen beachtet werden, die mitunter genehmigungspflichtig sind. Bei der Überschreitung einer bestimmten Größe für das Schutzhaus muss dafür eine Baugenehmigung oder zumindest eine Bauanzeige beim zuständigen Bauamt gestellt werden. Im Laufe des Baugenehmigungsverfahrens werden zudem andere Ämter informiert wie zum Beispiel das Amt für Immissionsschutz, das für die Verhinderung von Lärmbelästigungen zuständig ist. Bei der Naturschutzbehörde muss in manchen Bundesländern explizit eine Gehegegenehmigung beantragt werden. Während des Genehmigungsverfahrens für die Gehegegenehmigung wird die Naturschutzbehörde feststellen, ob die Vögel so untergebracht werden können, dass eine Faunenverfälschung durch eine Flucht der exotischen Vögel nahezu ausgeschlossen ist.

satzweise nachzugestalten. Dies beinhaltet eine mindestens **frostfreie Überwinterung** der Agaporniden oder besser noch warme Unterbringung während der kalten Jahreszeit.
Beim Verfasser werden die Innenräume während der Winterzeit auf etwa 10 °C erwärmt; die **Beheizung** erfolgt mit einer Infrarot-Elektroheizung. Aber auch bei Minustemperaturen erhalten die Vögel tagsüber Zugang zur Außenvoliere, wo sie sich auch für längere Zeit aufhalten.
Eine weitere technische Einrichtung ist eine künstliche Lichtquelle, die während der kurzen Tageszeiten der Wintermonate für eine **Tageslichtverlängerung** sorgt.

Zeitschaltuhren übernehmen die zeitliche Regelung der Lichtquellen. Lampen mit Tageslichtspektrum gelten derzeit unumstritten als beste Möglichkeit der künstlichen Beleuchtung für Vogelzuchtanlagen. Nachdem sich diese Lampen abends ausschalten, sollte eine entsprechend gedimmte Notbeleuchtung eine Orientierung der Vögel im Dunkeln nach eventuell eingetretenen Schrecksituationen ermöglichen.

Der Zugang zur **Außenvoliere** wird den Agaporniden durch ein verschließbares **Flugloch** gestattet. Die Außenvoliere sollte ebenfalls papageienschnabelsicher errichtet werden. Die teuerste, aber haltbarste Variante ist sicherlich eine Konstruktion aus industriell hergestellten Volierenelementen. Die meisten Züchter entscheiden sich jedoch für eine Holz- oder Stahlrahmenkonstruktion.
Auch für den Außenbereich sollte ein entsprechend beschaffender Untergrund den Zugang von Mäusen, Ratten, Madern usw. verhindern. Ein etwa 80 cm tiefes Streifenfundament unterhalb der senkrechten Außenbegrenzungen kann ebenfalls ein

Vergesellschaftung von Agaporniden

Einige Agaporniden-Arten können auch während der Fortpflanzungsperiode in einer arteigenen Gruppe gehalten werden. Rosen-, Schwarz-, Pfirsich-, Erdbeer- und Rußköpfchen gehören zu den verträglichen Arten, bei denen eine solche Haltungsform auch während der Brutzeit ohne Bedenken erfolgen kann oder sogar empfohlen wird. Grau- und Orangeköpfchen können außerhalb der Brutzeit ebenfalls in Gruppen gehalten werden, allerdings erfordert dies hinreichend große Unterkünfte, sodass sich die Vögel gegebenenfalls gegenseitig aus dem Weg gehen können. Taranta-Unzertrennliche gelten als unverträglich und sollten generell nur paarweise untergebracht werden. Die Vergesellschaftung von Angehörigen verschiedener Agapornis-*Spezies mit anderen friedfertigen Vogelarten ist in der Vergangenheit verschiedentlich erfolgt mit teils unterschiedlichen Resultaten. Eine genaue Beobachtung aller Voliereninsassen ist zu Beginn derartiger Vergesellschaftungsversuche jedoch dringend zu empfehlen.*

Durchgraben von einheimischen Räubern verhindern helfen.

Das auf der Rahmenkonstruktion aufgebrachte **Drahtgeflecht** sollte witterungsbeständig sein und in einer Maschenweite gewählt werden, durch welche die Agaporniden nicht entweichen können. Empfehlenswert ist eine Maschenweite von 10 mm, die auch Mäuse daran hindern in die Außenvoliere zu gelangen.

Sollen nebeneinander mehrere Agaporniden-Volieren errichtet werden, ist eine doppelte Drahtbespannung unbedingt zu empfehlen; dies verhindert zum einen Bissverletzungen an den Füßen der benachbart untergebrachten Vögel und zum anderen die Erreichbarkeit der Voliereninsassen für tag- oder nachtaktive Greifvögel.

Etwa ein Drittel der Außenvoliere sollte überdacht sein, um den Vögeln auch während anhaltender Regenschauer den Aufenthalt in diesem Bereich ihrer Unterkunft zu ermöglichen. Gleichzeitig finden die Vögel dort etwas Schutz vor zu intensiver Sonneneinstrahlung. Unter dieser **Überdachung** können während der Brutsaison auch **Nisthöhlen** angebracht werden, die von den meisten Agaporniden gern zur Fortpflanzung benutzt werden. Ausreichend viele **Sitzgelegenheiten** sollten auch in diesem Bereich der Zuchtanlage selbstverständlich sein und bei genügend viel Platz kann sogar eine Art Kletterbaum diesen Zweck erfüllen, der zudem dekorativ wirken kann. Allerdings sollte dies nicht zur völligen Einschränkung der Flugbewegungsfreiheit bei den Vögeln führen.

Auf einen **Pflanzenbewuchs** innerhalb der Zuchtanlage sollte bei allen *Agapornis*-Arten verzichtet werden, denn Pflanzen werden stets über kurz oder lang zerstört.

Außerhalb der Fortpflanzungsperiode können sozialverträgliche Arten, wie beispielsweise Ruß- und Erdbeerköpfchen, gemeinsam in einer Unterkunft gehalten werden. Brutmöglichkeiten sollten dann aber nicht vorhanden sein.

Wichtig ist die Bereitstellung einer **Badegelegenheit.** So muss eine flache Schale, täglich gefüllt mit frischem Wasser, immer vorhanden sein.

Die richtige Ernährung

Neben einer artgerechten Unterbringung sorgt eine bedarfsgerechte Ernährung bei den Agaporniden für ein möglichst langes Vogelleben in Menschenobhut. Insbesondere seitdem auch die Nahrungsgewohnheiten fast aller Agaporniden aus der Natur bekannt sind, weiß man, dass die meisten *Agapornis*-Arten relativ problemlos zu ernähren sind, aber einige etwas spezifischere Ansprüche haben. Ein wie in der Heimat dieser Vögel identisches Futter wird jedoch auch der verantwortungsvollste Züchter seinen Tieren nicht bieten können. Die meisten *Agapornis*-Arten ernähren sich in ihrer afrikanischen Heimat von Sämereien, Früchten, Beeren, Blatttrieben sowie anderen Pflanzenteilen und eventuell auch von Insekten und deren Larven.

Dem Vogelorganismus müssen, wie jedem anderen Lebewesen auch, Nährstoffe, Mengen- und Spurenelemente, organische Wirkstoffe wie beispielsweise Vitamine, aber auch unverdauliche Ballaststoffe und Wasser zum Lebenserhalt zugeführt werden.

In Menschenobhut stellt eine **Samenmischung** den wohl wesentlichsten Nahrungsbestandteil für die Agaporniden dar. Eine solche auf Agaporniden abgestimmte Mischung wird von einigen auf die Futtermittelproduktion spezialisierten Firmen im Handel angeboten. So setzt sich eine Samenmischung für Agaporniden beispielsweise aus Platahirse, Kanariensaat, Silberhirse, Haferkernen, Japanhirse, Kardisaat, Buchweizen, Paddyreis, etwas Hafer, Hanf und Leinsamen zusammen. Mitunter sind derartigen Mischungen auch noch Austernschalen für die Kalkversorgung beigefügt. Zumeist über schnabelgerechte **Pellets** werden solche Zusammensetzungen noch mit wichtigen Vitaminen, Folsäure, Biotin, Cholin, verschiedenen Mineralien sowie Spurenelementen angereichert.

Eine Mischung aus verschiedenen Hirsesorten, Hafer und auch Buchweizen kann als **Keimfutter** angeboten werden, das insbesondere vor und während der Zuchtphase ein energieverringertes Futter für die Vögel darstellt und unter Einhaltung hygienischer Anforderungen sehr gesund sein kann.

Samen können auch aus dem eigenen Garten stammen oder aus der Natur. Im eigenen Anbau können durchaus Kolbenhirse und Mais bereits als halbreife Samenstände geerntet werden. Bei bestem Sommerwetter reift die Kolbenhirse auch in unseren Breiten heran und kann in geringem Maß etwas zur Reduzierung der Futterkosten beitragen. Regelmäßig angebotene Hirsekolben werden von den meisten Agaporniden stets als Leckerbissen gern angenommen. In der Natur finden sich die Samenstände verschiedener Grä-

Eine handelsübliche Samenmischung für Agaporniden.

Die Rinde von Weidenzweigen dient den Agaporniden vornehmlich zum Nestbau. Insbesondere die jungen Blatttriebe werden aber auch verzehrt. Hier ein Rußköpfchen beim Abschälen der Rinde.

Mit diesen tierischen Proteinen versorgt der Verfasser seine Agaporniden während der Jungenaufzucht. Hierbei handelt es sich um Ei, Quark, Mehlwürmer, Kraft- und Aufzuchtfutter, Insektenfutter für kleine Insektenfresser.

ser und Kräuter, die ebenfalls im halbreifen Zustand sehr von den Vögeln geschätzt werden. Auch die **Blätter** der saftigen Vogelmiere oder des Löwenzahns sind ein beliebtes Zusatzfutter für die meisten Agaporniden. Die **Rinde** von Weiden- oder Obstbaumzeigen wird nicht nur zum Nestbau verwendet, auch die Blatttriebe werden von vielen Agaporniden mit Vorliebe verzehrt.

Obst und **Gemüse** sollte ebenfalls immer einen Teil des täglichen Nahrungsangebotes darstellen. Dabei können alle im Handel oder eigenen Garten erhältlichen Sorten angeboten werden; der Züchter wird schnell herausfinden, welche Früchte oder welches Gemüse bei den Agaporniden eine besondere Beachtung findet.
Zur Zuchtvorbereitung und späteren Aufzucht der Jungvögel werden von Alttieren tierische **Proteine** benötigt. Diese können in Form von hart gekochtem Hühnerei oder fettarmem Quark gereicht werden oder mitunter auch über die Gabe von Insektenlarven wie beispielsweise Mehlwürmern. Diese Nahrungsbestandteile können mit einem handelsüblichen Kraft- und Aufzuchtfutter vermengt werden, das auf diese Weise etwas angefeuchtet gern von den Agaporniden aufgenommen wird. Aber auch ein Insektenfutter für kleinere Insek-

tenfresser, welches mit Futterkalk und Vitamine angereichert werden kann, dient zur Versorgung mit tierischem Eiweiß.

Peter Lissberg aus der Schweiz bezeichnet Feigen als die Lieblingsfrucht seiner **Orangeköpfchen,** die von ihm während der Aufzuchtphase allerdings nicht gereicht werden, weil die jungen Orangeköpfchen offensichtlich die Kerne der Feige nicht verdauen können.

Das **Grünköpfchen** ist in seinem Verbreitungsgebiet scheinbar nahezu komplett auf eine Ernährung von verschiedenen Feigensorten eingestellt, sodass selbst dort eine Haltung in Menschenobhut in zurückliegenden Versuchen stets nach wenigen Tagen gescheitert ist. Dieser absolute Nahrungsspezialist besitzt somit für die Haltung in Menschenobhut keinerlei Relevanz.

Lebenserwartung von Agaporniden

Von Altersrekorden ist auch bei den Agaporniden in der Vergangenheit des Öfteren berichtet worden. Genau nachgewiesen wurde das Lebensalter bei den Vögeln der Gattung Agapornis *bislang nur in menschlicher Obhut aufgrund ihrer Kennzeichnung (geschlossener Fußring). So ist ein Alter von 15 Jahren für gesunde Agaporniden keine Seltenheit. Es gibt sogar auch eine Altersangabe von 23 Jahren für ein Rosenköpfchen, das als Käfigvogel gepflegt worden ist. Zuchtvögel hingegen werden aufgrund der höheren Belastung ein solch hohes Alter wohl kaum erreichen, genau wie auch die Artgenossen in Afrika.*

Voraussetzungen für die Zucht von Agaporniden

Gesunde, geschlechtsreife, verschiedengeschlechtliche und artgleiche Paarpartner sind auch bei den Agaporniden die wichtigsten Grundvoraussetzungen für eine erfolgreiche Zucht.

Gesundheit

Gesunde Vögel erwecken äußerlich stets einen vitalen Eindruck, wobei Vögel allgemein so lange wie möglich versuchen, eine Krankheit vor ihren Feinden zu verbergen, damit sie bei ihnen keinen geschwächten Eindruck hinterlassen und eventuell als leichte Beute angesehen werden. Zu den Feinden der Vögel zählt natürlich auch der Mensch.

Bei eventuellen Krankheitsanzeichen sollte man die betreffenden Vögel zunächst separat in einer von den übrigen Vögeln isolierten Unterkunft unterbringen. Wärme hilft mitunter schon über manches Unwohlsein hinweg; darum sollte eine Rotlichtlampe auch stets für derartige Fälle zur Verfügung stehen. Manchmal ist der sofortige Gang zu einem auf Vögel spezialisierten Tierarzt unumgänglich, will man Schlimmeres verhindern.

Agaporniden zählen eher zu den robusteren Vogelarten, bei denen natürlich im

Nur artgleiche Partner, wie diese Erdbeerköpfchen, sollten für die Zucht verwendet werden.

gleichen Maße dieselben Krankheiten auftreten können wie bei anderen Vogelarten auch. Viele Krankheiten sind bei den Vögeln heutzutage über das Blut oder Kotproben zu diagnostizieren. Einige Krankheiten sind jedoch im Anfangsstadium nicht immer sofort zu erkennen.

In der Vergangenheit wurde den Agaporniden immer wieder eine besondere Anfälligkeit auf die **Psittacine beak and feather disease (PBFD)** nachgesagt. Hierbei handelt es sich um eine Infektionskrankheit, die durch das sogenannte Cirovirus verursacht wird und 1984 erstmalig in Australien nachgewiesen wurde. So kommt es hin und wieder zu Äußerungen, dass bis zu 90 Prozent aller Agaporniden in menschlicher Haltung das PBFD-Virus in sich tragen. Nach anderen Schätzungen sollen 40 Prozent aller in Menschenobhut befindlichen Agapornidenstämme mit dem gefährlichen PBFD-Virus infiziert sein.

Durch den Befall mit Circoviren wird die körpereigene Abwehr stark geschwächt.

Häufig äußert sich diese Krankheit durch Abgeschlagenheit, aufgeplustertes Gefieder, Fressunlust und hohen Todesraten, die oft mit massiven Leberschädigungen in Verbindung gebracht werden. Typisch sind abnormales Federwachstum, verfärbte Federn oder auch Blutungen in den Federschäften. In manchen Fällen kommt es auch zur Veränderung des Schnabelhorns. Viele Vögel sterben innerhalb von zwei Jahren an Sekundärinfektionen.
Es steht weder ein Impfstoff zur Verfügung noch eine andere Möglichkeit, die Krankheit wirksam zu bekämpfen. Zu empfehlen ist jedoch, immer wieder jeden einzelnen Vogel auf PBFD zu testen. Viele Labore, die sich auf DNA-Geschlechtsbestimmungen spezialisiert haben, bieten einen solchen Test an.
Die Untersuchung einer frisch gezupften Feder oder einer Blutprobe des zu testenden Vogels gibt zunächst Aufschluss darüber, ob das jeweilige Tier mit diesem gefährlichen Virus infiziert ist; empfehlenswert ist eine Nachtestung nach etwa drei Monaten. Zweimal als PBFD-frei getestete Vögel können dann ohne Bedenken in einen bereits vorhandenen Bestand integriert werden.

Auch eine **Polyomavirus-Erkrankung,** bei welcher der Krankheitsverlauf gerade bei Jungvögeln dramatisch endet, kann auf die gleiche Art und Weise bei Vögeln festgestellt werden. Altvögel entwickeln gegenüber diesem Virus eine gewisse Immunität und zeigen keine Krankheitssymptome; sie können als Virusüberträger jedoch andere Vögel infizieren und so zur Verbreitung dieser oft tödlich endenden Erkrankung beitragen.
Für die Teilnehmer des EPPAS-Projektes wird beim Institut für Molekulare Diagnostik Bielefeld (IMDB) ein Sonderpreis für diese beiden Untersuchungen und je nach Wunsch auch für die DNA-Geschlechtsbestimmung angeboten.

Geschlechtsbestimmung

Damit sich die Agaporniden erfolgreich dem Fortpflanzungsgeschehen widmen können, müssen gegengeschlechtliche Paare gebildet werden. Bei den geschlechtsdimorphen *Agapornis*-Arten Grau- und Orangeköpfchen sowie Taranta-Unzertrennlichen sind Männchen und Weibchen anhand ihrer äußeren Färbungsmerkmale sicher zu identifizieren.
Vor einigen Jahrzehnten noch bestand eine Schwierigkeit in der Zucht von Rosen-, Schwarz-, Pfirsich-, Erdbeer- und Rußköpfchen darin, die Geschlechter der Vögel festzustellen und somit sichere Paare zu bilden. Der Abstand der Beckenknochen wird häufig von erfahrenen Züchtern als Anhaltspunkt zur Geschlechtsbestimmung verwendet. Auch sollen die Weibchen größer als die Männchen sein.
Bei beiden Arten der Geschlechtsbestimmung durch erfahrene Züchter gibt es zwar eine große Trefferquote, aber hin und wieder gelangen auf diese Weise dennoch gleichgeschlechtliche Vögel in die Zuchtanlagen. Völlig indiskutabel sollte jedoch die Feststellung der Geschlechter mit ei-

Grauköpfchen sind leicht nach ihrem äußeren Erscheinungsbild zu bestimmen. Links ist das Weibchen, rechts das Männchen zu sehen.

nem Pendel sein. Am sichersten ist für solch kleine Vögel die Bestimmung der Geschlechter durch die bereits genannte DNA-Analyse, die inzwischen von einigen spezialisierten Laboren angeboten wird.

Geschlechtsreife

Die Geschlechtsreife ist ein weiteres wichtiges Kriterium, um unbefruchtete Gelege zu verhindern, aber auch um eventuelle Risiken für die Weibchen zu minimieren. Im Alter von etwa vier Monaten können Agaporniden bereits geschlechtsreif sein, allerdings sollte der verantwortungsbewusste Züchter erst wesentlich ältere Tiere für erste Fortpflanzungsversuche auswählen. So tritt Legenot bei zu jungen Weibchen wesentlich häufiger auf als bei Tieren, die das erste Lebensjahr bereits vollendet haben.

Partnerwahl

Weitere Probleme können sich bei der Partnerwahl aus der anfänglichen Unverträglichkeit mancher Arten ergeben. Häufig versuchen Züchter, Männchen und Weibchen einer Art miteinander zu verpaaren, ohne dass die Vögel die Möglichkeit erhalten, aus einer größeren artgleichen Gruppe selbst einen geeigneten Partner auszuwählen.
Zwangsverpaarungen können insbesondere bei Taranta-Unzertrennlichen oft den ersehnten Nachzuchterfolg verhindern, denn durch fehlende Sympathien kommt bei diesen Vögeln dann kein befruchtetes Gelege zustande.
Anders ist dies bei den sozialverträglichen Arten der Gruppe mit den weißen Augenringen und dem Rosenköpfchen. Bei ihnen kann sogar eine Haltung im Schwarm erfolgen und somit eine freie Partnerwahl in dieser Konstellation realisiert werden. Ob Zwangsverpaarung oder freie Partnerwahl in einer Schwarmhaltung – stets sollte auch auf die verwandtschaftsferne Zusammenstellung von Paaren geachtet werden, um eventuell auftretende Inzuchtdegenerationen weitestgehend zu minimieren. Eine penible Zuchtbuchführung und die

genaue Kenntnis über die Herkunft der Ausgangsvögel ist dafür eine grundlegende Voraussetzung.

Geeignete Nisthöhlen

Die Frage nach dem geeigneten Nistkastenformat oder danach, welcher Nisthöhlentyp der bessere für Agaporniden ist, beschäftigt bereits seit vielen Jahrzehnten die Züchtergemeinschaft. Ebenso überlegen sich einige Züchter besondere Details für Nistkästen, die letztendlich zum ersehnten Zuchterfolg bei den gehaltenen Vogelarten führen sollen. Sicherlich ist die Notwendigkeit derartiger Überlegungen bei den Orangeköpfchen nicht von der Hand zu weisen, da die besondere Brutbiologie dieser Tiere in Afrika einiges an Nachahmungstalent von dem Züchter abverlangt. Die anderen haltungsrelevanten *Agapornis*-Arten besitzen jedoch keine so hohen Ansprüche und vereinfachen die Auswahl sowie Bereitstellung von Nisthöhlen deutlich.

So haben Freilandbeobachtungen inzwischen mehrfach ergeben, dass sich Grau-, Rosen-, Schwarz-, Pfirsich-, Erdbeer- und Rußköpfchen sowie die Taranta-Unzertrennlichen den bestehenden Umweltverhältnissen anpassen, bei der Nistplatzwahl mitunter mit anderen Vögeln konkurrieren oder durch die Lebensraumvernichtung auch nur eine begrenzte Anzahl geeigneter Nistplätze zur Verfügung haben. Daher kann es vorkommen, dass Rosenköpfchen vermehrt die Nester von Webervögeln für

Geeignete Nisthöhlenarten für Agaporniden.

Infrarotkameras in Nisthöhlen

Die schützende Bruthöhle sorgt nicht nur für ein geeignetes Raumklima, auch die kleinen Öffnungen verhindern in der freien Natur nicht selten das Eindringen größerer Fressfeinde oder Nistplatzkonkurrenten. Das Verhalten von Brutpaaren während der Brut und späteren Aufzucht ihres Nachwuchses bleibt dem Züchter aufgrund der Nistplatzwahl seiner Pfleglinge häufig verborgen. Nur das Öffnen der Kontrollöffnung zur regelmäßig stattfindenden Nisthöhlenkontrolle gewährt einen kurzen Einblick in das Innenleben der Brutstätte. Hierbei zeigen sich die Jungvögel nicht in ihrem normalen Verhalten; sie sind verängstigt und auch die Eltern verlassen oft aufgeschreckt die Bruthöhle. Dabei verbirgt die Kinderstube höhlenbrütender Vögel ein sehr interessantes Beobachtungsfeld, das mit einer Infrarotkamera für den Züchter sichtbar werden kann. Kamerasysteme sind heutzutage so klein dimensioniert, dass sie ohne Weiteres in den Deckel einer Nisthöhle installiert werden können; eine Funkübertragung der Livebilder zum Fernsehgerät in der Wohnstube oder zum Computer auf dem Schreibtisch ist ebenfalls seit vielen Jahren technisch machbar.

ihr Brutgeschäft nutzen, andere Arten auch in Felshöhlen oder -spalten ihre Jungvögel aufziehen oder selbst an von Menschen genutzten Gebäuden einen Platz für ein Nest finden. So ist auch in der Haltung in Menschenobhut der Nistkastentyp der geeignetste, den die Agaporniden annehmen.

Wer es besonders gut meint, kann einzeln gehaltenen Paaren zwei oder drei Nisthöhlentypen zur Auswahl anbieten; bei einer Gruppenhaltung von sozialverträglichen Arten dürfen dann auch zwei oder drei Nisthöhlen mehr angeboten werden, als sich Paare in der Voliere befinden.

Wegen des günstigeren Mikroklimas sind **Naturstammnisthöhlen** in jedem Fall die beste Wahl. **Nistkästen** können von handwerklich begabten Menschen selbst hergestellt werden und erfüllen bei ausreichender Wandstärke von mehr als 2 cm die gleichen Voraussetzungen wie die Naturstammnisthöhlen. Oft werden von den Züchtern jedoch Nistkästen aus Pressspanplatten verwendet, die natürlich auch für das Fortpflanzungsgeschehen der Agaporniden geeignet sind, wenn sie keine Schadstoffe enthalten.

Die Nisthöhlen können für Agaporniden in der Innenvoliere oder dem überdachten Teil der Außenvoliere gleichermaßen angeboten werden. Eine Nistkasteneinstreu muss für Angehörige dieser Vogelgattung nicht eingebracht werden, dies übernehmen die Agaporniden allein.

Die Größe der Nisthöhlen und des Schlupfloches, das sich im oberen Drittel der Front befinden sollte, richtet sich nach der Kör-

Empfohlene Nisthöhlengrößen für Arten der Gattung Agapornis (Angaben in cm)

Art	Gesamthöhe	Grundfläche	Schlupfloch-durchmesser
Grauköpfchen	25 bis 30	13 x 15	5
Orangeköpfchen	30	20 x 40	5
Taranta-Unzertrennlicher	25 bis 30	15 x 17	5,5
Rosenköpfchen	25 bis 30	15 x 17	6
Schwarzköpfchen, Pfirsichköpfchen	25 bis 30	17 x 20	5
Erdbeerköpfchen, Rußköpfchen	25 bis 30	15 x 17	5

pergröße der darin brütenden Vogelart. Die obige Tabelle liefert eine Übersicht der gängigen Größen für die haltungsrelevanten *Agapornis*-Arten.

Das **Orangeköpfchen** verlangt nach etwas mehr Aufmerksamkeit. Zwar unterscheiden sich die Nistkästen dieser Vögel bautechnisch nicht von denen der anderen *Agapornis*-Arten, aber das Nistmaterial und die Innentemperatur der Nisthöhle. Da Orangeköpfchen in ihrer Heimat vornehmlich in Termitenbauten zum Brutgeschäft schreiten, versuchten in der Vergangenheit einige Züchter, diese Erkenntnis auch in der Haltung zu imitieren. So wurden Termitenhügel aus Lehm, Kalk und Sand geformt, Torf in Holzfässern eingestampft oder Brutkammern aus Lehm geformt, in der Heizschlangen für die erforderliche Temperatur sorgten; allerdings waren diese Bemühungen meist von nur mäßigem Erfolg. In der Gegenwart werden für die Orangeköpfchenzucht hauptsächlich Nistkästen verwendet, die mit senkrecht oder waagerecht gelagerten Korkplatten ausgefüllt werden, in welche die Vögel ihre Brutkammern hineinnagen. Thermostatgesteuerte Nistkastenheizungen erwärmen die von den Orangeköpfchen geformte Brutkammer dann auf 23 bis 30 °C bei 65 bis 70 Prozent Luftfeuchtigkeit.

Alle Nistmöglichkeiten sollten mit einer hinreichend großen Seitenklappe oder einem Deckel versehen sein, um dem Züchter die regelmäßigen Kontrollen von Gelege und Jungvögel problemlos zu ermöglichen. Auch die Reinigung und Desinfizierung der Nisthöhle nach Abschluss der Brutsaison erfolgt über diese Öffnung.

Soziale Strukturen während der Fortpflanzungsperiode

Die Fortpflanzung ist die wichtigste Aufgabe im Leben eines Vogels. Sie bedeutet eine Herausforderung, die mit Revierabgrenzungen, der Balz, der Nistplatzsuche, dem Nestbau, dem Bebrüten des Geleges und der Ernährung der Jungvögel verbunden ist.
Agaporniden zeigen mit Beginn der Fortpflanzungsbereitschaft ein anderes soziales Verhalten als sonst. Das bisher vertraute Bild von mehreren dicht nebeneinander auf einer Sitzstange ruhenden Artangehörigen ändert sich schlagartig, sobald für die Vögel Möglichkeiten zur Fortpflanzung geschaffen werden. Der **Konkurrenzdruck** bei der Nisthöhlenwahl verstärkt sich dann auch bei den sonst friedlich in Gruppen lebenden *Agapornis*-Arten wie Rosenköpfchen oder den vier Arten mit den weißen Augenringen.
Mit dem Bereitstellen der Nistmöglichkeiten interessieren sich die Weibchen aus der Gruppe plötzlich sehr stark für diese Brutstätten. Ist eine Höhle durch ein Weibchen besetzt worden, vertreibt dieses eventuelle Konkurrenten aus der näheren Umgebung der späteren Brutstätte; meist wird dann nur das vertraute Männchen in der direkten Nähe geduldet. Kleinere Verletzungen, meist verursacht durch Bisse in die Füße, können dann schon einmal vorkommen. Haben schließlich alle Weibchen eine Niststätte gefunden, kehrt wieder etwas mehr Ruhe in die Gruppengesellschaft ein.
In der ersten Zeit schauen die Weibchen aus den Schlupflöchern ihrer jeweils ausgewählten Nisthöhle heraus und verlassen diese nur selten. Zu groß ist die Gefahr, dass sich ein anderes Weibchen in das Innere der Brutstätte begibt. Sobald Äste als Nistmaterial bereitgestellt werden, beginnen die Weibchen davon die Rinde abzuschälen und in die Nisthöhle zu transportieren. Gelegentlich kommt es auch dabei zu kleineren Streitigkeiten. Der Autor konnte über mehrere Jahre beobachten, dass bei den Erdbeer- und Rußköpfchen gewisse Weibchen eine Art Sonderstellung bei der Nisthöhlenwahl,

Die Konkurrenz um die Nisthöhlen sorgt bei einer Gemeinschaftshaltung anfangs für etwas Unruhe. Sobald die Brutstätten besetzt sind, kehrt wieder Ruhe ein. Dieses Schwarzköpfchen-Weibchen ist bereits mit dem Nestbau beschäftigt.

aber auch bei der Inanspruchnahme des angebotenen Nistmaterials einnehmen. Jahr für Jahr waren es immer die gleichen Weibchen, die sich als erste eine Nisthöhle sicherten und diese schließlich auch als erste mit Nistmaterial füllten. Bei diesen Weibchen war der Nestbau schon fast abgeschlossen, während bei konkurrierenden Weibchen gerade einmal der Boden in der Nistkammer mit Rindenstücken und sonstigem Nistmaterial bedeckt war. Während das Weibchen mit dem Bau des Nestes beschäftigt ist, verweilt das dazugehörige Männchen stets in dessen Nähe, so auch dann, wenn das Weibchen die Nisthöhle zur Nahrungs- oder Wasseraufnahme verlässt.

Obwohl es auch bei den sozialverträglichen Arten während dieser Zeit zu Auseinandersetzungen kommen kann, werden die **Revieransprüche** in direkter Umgebung der Brutstätte relativ gering gehalten, sodass die Nisthöhlen durchaus in minimalen Abständen zueinander angebracht werden können.
Während der **Brutphase** und der **Aufzuchtphase** der Jungvögel wird es recht still in der Gruppe. Die einzelnen Paare konzentrieren sich auf ihre Aufgaben als Brutvogel beziehungsweise als Küken fütternde Elterntiere. Kritisch wird es bei der Gruppenhaltung einiger Agapornis-Vertreter jedoch zu dem Zeitpunkt, wenn die einzelnen Jungvögel nach und nach die Nisthöhlen verlassen.
Anfangs sind die jungen Agaporniden noch sehr unsicher in ihren Bewegungen, was

Taranta-Unzertrennliche, hier ein Männchen, sollten stets nur paarweise untergebracht werden.

von fremden Altvögeln in den ersten Tagen nach dem **Ausfliegen** ausgenutzt wird. Die älteren Vögel, meistens Männchen, begeben sich zu den Jungvögeln und versuchen diesen ständig in die Füße zu beißen. Häufig flüchten die jungen Agaporniden dann fliegend und landen schließlich am Volierendraht oder auf dem Volierenboden.
Der Autor hat es sich in dieser Phase zur Angewohnheit gemacht, die ausgeflogenen Jungvögel nochmals zurück in die Nisthöhle zu setzen, in der das Weibchen oft bereits wieder mit neuen Brutvorbereitungen begonnen hat oder schon wieder die ersten Eier eines neuen Geleges be-

brütet. Ist dieser kritische Zeitpunkt für die Jungvögel schließlich überstanden, können sie selbst während der zweiten Brut in der Unterkunft verbleiben, ohne dass sie Angriffe der Altvögel befürchten müssen. Ausgenommen sind Annäherungen an besetzte Bruthöhlen.
Bei eher unverträglichen Arten wie Grauköpfchen, Orangeköpfchen und Taranta-Unzertrennlichen empfiehlt sich stets eine nur **paarweise Unterbringung** während der Zuchtperiode. Grauköpfchen und Orangeköpfchen kann man außerhalb dieser Zeit zwar durchaus in hinreichend großen Unterkünften als kleinere Gruppen vergesellschaften und sich als Züchter diese Möglichkeit für eine freie Partnerwahl in derartigen Konstellationen zunutze machen. Bei Taranta-Unzertrennlichen sollte jedoch von derartigen Versuchen abgesehen werden, da sie als aggressiv gelten und es selbst bei neu zusammengestellten Paaren zu Schwierigkeiten kommen kann. Gerade bei der letzten Art bleiben Vermehrungserfolge mitunter aufgrund einer Unverträglichkeit von zwangsverpaarten Vögeln aus. Umverpaarungen sind dann die einzig vernünftige Lösung.
Harmonierende Paare verhalten sich bei einer paarweisen Unterbringung selbstverständlich wesentlich ruhiger als die Vertreter der zuvor genannten sozialverträglichen Arten bei einer Gruppenhaltung. Der Konkurrenzdruck ist bei einer paarweisen Haltung gleich Null, sodass sich die Paarpartner allein auf sich konzentrieren können, ungehindert die geeignetste Nisthöhle für das Brutgeschäft aussuchen und auch die Jungenaufzucht ohne Beißattacken von anderen Voliereninsassen abschließen können. Jedoch sollte bei letzteren Arten immer darauf geachtet werden, dass der Nachwuchs mit dem Erreichen der **Selbstständigkeit** von den Eltern getrennt werden muss. Aggressionen der Alttiere könnten sich ansonsten gegen die eigenen Jungvögel richten.

Balzverhalten

Wenige Aspekte tierischen Verhaltens sind so auffällig wie das Balzverhalten von Vögeln. Ziel ist es, Partner anzulocken und die bestehende Paarbindung zu festigen. Die Balz stellt sicher, dass Angehörige ein und derselben Art Paare bilden und sich die instinktive Aggression zwischen den Partnern mindert.
In der Vogelwelt wählt meistens das Weibchen seinen Partner, sodass die Männchen vieler Vogelarten mit Beginn der Fortpflanzungszeit besonders gefordert sind, um dem betreffenden Weibchen zu imponieren. Bei den Papageienvögeln ist das Balzverhalten jedoch weitaus weniger spektakulär als bei den meisten anderen Vertretern der Avifauna. Vermutlich hängt dies damit zusammen, dass die meisten Papageienarten in **Einehe** leben, die während einer oder mehrerer Fortpflanzungsperioden bestehen bleibt oder in manchen Fällen ein Leben lang anhält. Stirbt ein Partner, verpaart sich der übrig gebliebene Vogel häufig neu; dies ist im Freiland wie auch in Volierenhaltungen gleich.

Bei den Agaporniden gestaltet sich das Balzverhalten folgendermaßen: Die Aktivitäten gehen vom Männchen aus. Nachdem im Frühjahr die Mauser abgeschlossen ist, die Außentemperaturen ansteigen, die Tageslichtzeiten sich verlängern, das Nahrungsangebot durch den Züchter erweitert wurde und Nisthöhlen bereitgestellt sind, beginnt das Weibchen zunächst, sich für die Nisthöhlen zu interessieren. Unüberschaubar ist dann auch das geänderte Verhalten der Vögel. Reviere werden durch die Weibchen abgesteckt und die Männchen bemühen sich um die Gunst der Weibchen. Mit tippelnden Schritten bewegt sich das Männchen auf das Weibchen zu und wieder von ihm weg, stets verbunden mit Stimmfühlungslauten. Das Kopfgefieder ist dabei gespreizt und die Pupillen des Männchens zeitweise auffällig stark verengt.

Weitere Verhaltensweisen konnten während der aktiven Balzphase bei Orangeköpfchen beobachtet werden, wenn das Männchen in der Nähe seines Weibchens die Flügel abstellt, oder bei Rosen-, Schwarz-, Pfirsich-, Erdbeer- und Rußköpfchen, bei denen das sogenannte Schwanzschütteln Bestandteil der Balz ist.

Besonders die Weibchen in einer Schwarmhaltung zeigen sich mitunter zunächst jedoch unbeeindruckt von dem Verhalten ihres Männchens und scheinen nur die ausgewählte Nisthöhle im Blick zu haben, um diese sofort gegen etwaige Konkurrenten zu verteidigen.

Haben jedoch alle Weibchen eine geeignete Nisthöhle gefunden, erstreckt sich die

Das Partnerfüttern kann mit Beginn der Fortpflanzungsphase häufiger beobachtet werden.

Aufmerksamkeit der Weibchen zunehmend auf das werbende Männchen. Gegenseitiges Gefiederkraulen und Putzen sind die häufigsten Formen der Paarfestigung bei den Agaporniden, die zugleich Aggressionspotenzial senken. So dient aber auch das Partnerfüttern dem gleichen Zweck, das jedoch das ganze Jahr bei den Agaporniden beobachtet werden kann und mit Beginn der Fortpflanzungszeit an Intensität zunimmt.
Zumeist füttert das Männchen sein Weibchen; bei den Grauköpfchen und Taranta-Unzertrennlichen wird das **Partnerfüttern** des Öfteren auch umgekehrt beobachtet. Die beiden zuletzt genannten Arten wirken in ihrem Balzverhalten weniger intensiv als die anderen Vertreter der *Agapornis*-Gattung; sie wirken während dieser Zeit deutlich ruhiger, was sich sicherlich aus den großen Revieransprüchen und der damit verbundenen Paareinzelhaltung ergibt.

Im Anschluss an die Balz setzt die **Fortpflanzungsphase** ein, die mit der Kopulation beginnt. Das Weibchen signalisiert mit einer geduckten Haltung seine Bereitschaft zur Kopulation; der Kopf und der Schwanz werden dabei angehoben, wobei das Halsgefieder gespreizt und der Kopf des Weibchens etwas zur Seite gedreht wird. So stellt sich die erste Phase der Kopulation bei Rosen-, Schwarz-, Pfirsich-, Erdbeer- und Rußköpfchen dar.
Das an der Seite befindliche Männchen steigt von dort aus auf das Weibchen. Es krallt sich in den Flanken des Weibchens fest und hält sich mitunter auch noch mit seinem Schnabel im Nackenbereich des Weibchens fest beziehungsweise stützt es sich dort mit seinem Schnabel ab.
Bei den Weibchen der Grauköpfchen und Taranta-Unzertrennlichen liegt das Gefieder aller Körperbereiche währenddessen eng an und die Weibchen richten ihren Kopf auch bei der Kopulation geradeaus.

Eiablage, Brut und Entwicklung der Jungvögel

Kurz vor der Eiablage kann der aufmerksame Beobachter beim Weibchen den sogenannten **Legebauch** sehen, der in der Kloakengegend entsteht und auf das erste Ei hindeutet. Weibchen in diesem Zustand haben etwas mehr Last zu tragen, was sich vor allem in den Flugbewegungen äußert, die dann wesentlich schwerfälliger wirken. Auch auf Sitzästen verweilende Weibchen deuten durch ihre schwere Atmung auf den baldigen Legetermin hin; der Schwanz wippt dann nach den Atmungsintervallen der Weibchen leicht auf und ab.
Das **Gelege** der Agaporniden besteht aus drei bis acht Eiern, die im Durchschnitt im Abstand von zwei Tagen gelegt werden. Die Eier sind weiß und eher rundlich geformt, wobei in Einzelfällen auch länglicher geformte Eier gelegt werden.
Die **Brutdauer** kann sich dabei von Art zu Art unterscheiden und zwischen 21 und 26 Tagen liegen. Während des Brütens werden die Eier ständig warm gehalten, um sich entwickeln zu können. Die Inkubation übernimmt bei den Agaporniden allein das

Ein Rußköpfchen-Nest mit vier Eiern. Gut zu erkennen ist der Aufbau des Nestes.

Weibchen. Das Männchen hält sich während dieser Zeit meist in der Nähe auf, häufig auf dem Deckel der Nisthöhle oder auf der Sitzstange vor dem Schlupfloch derselben. Einige Männchen begeben sich auch zu ihrem Weibchen in die Bruthöhle, wodurch oft schon Vermutungen geäußert wurden, dass sich die Männchen der Agaporniden auch am Brutgeschehen beteiligen.
Aufgrund der langen Brutzeit sind die Jungvögel bereits recht weit entwickelt; sie schlüpfen asynchron in zweitätigen Abständen, so wie auch die Eier gelegt worden sind. Demzufolge können bei großen befruchteten Gelegen vom zuerst zum zuletzt geschlüpften Jungvogel auch **Altersunterschiede** von bis zu 14 Tagen vorkommen. So entstehen dann auch Größenunterschiede, die vom Weibchen eine gute Koordination der Futterübergabe erfordert. Selbstverständlich muss in der Aufzuchtphase ausreichend Futter bereitgestellt werden, um die Versorgung der hungrigen Küken zu gewährleisten.

Die gerade geschlüpften **Küken** sind noch blind und weisen ein erstes Dunengefieder auf. In den ersten Tagen nach dem Schlupf wird der Nachwuchs allein vom Weibchen gefüttert, welches das vorverdaute Futter aus dem Kropf hervorwürgt und direkt an die Jungen übergibt. Später beteiligt sich dann auch der männliche Partner an der Fütterung der Jungen.
Die Jungvögel entwickeln sich relativ schnell. So öffnen sich im Alter von acht bis zehn Tagen die Augen und mit etwa 20 Tagen schieben sich die ersten Federkiele durch die Haut. Die jungen Agaporniden

15 und 17 Tage alte Erdbeerköpfchen im Nistkasten. Die beiden darin noch befindlichen Eier waren unbefruchtet.

nehmen schnell an Gewicht zu und mit zunehmendem Alter sind aus der Nisthöhle auch deutlich die Bettelgeräusche der Jungen zu hören. Die Nestlingszeit ist mitunter verschieden lang und kann der folgenden Tabelle entnommen werden, in der zur besseren Übersicht auch die Gelegegrößen und Brutzeiten der einzelnen Arten aufgeführt sind.

Die jungen Agaporniden verlassen vollständig befiedert die bis dahin schützende Nisthöhle. Auch in dieser Zeit werden die Jungvögel noch von den Eltern mit Nahrung versorgt, wobei einige Weibchen mitunter bereits mit einer neuen Brut begonnen haben. Etwa zwei Wochen nach dem **Ausfliegen** ist der Nachwuchs häufig schon nicht mehr auf die Futterübergabe durch die Eltern angewiesen, obwohl die Jungvögel ihre Eltern auch danach noch um Futter anbetteln. Sie gelten dann als selbstständig.

Sozialisation

Die Haltung von Agaporniden kann in verschiedener Form erfolgen. Diese Vögel können paarweise gehalten werden, mehrere Individuen können in einer arteigenen Gruppe vergesellschaftet werden oder

Gelegegröße, Brut- und Nestlingszeiten bei Agaporniden (zeitliche Angaben in Tagen)

Art	Gelegegröße	Brutdauer	Nestlingszeit
Grauköpfchen	3 bis 6	21 bis 23	35 bis 40
Orangeköpfchen	3 bis 6	21 bis 24	42 bis 56
Taranta-Unzertrennlicher	2 bis 5	24 bis 26	42 bis 49
Grünköpfchen	unbekannt	unbekannt	unbekannt
Rosenköpfchen	3 bis 7	22 bis 23	32 bis 38
Schwarzköpfchen	4 bis 6	21 bis 23	37 bis 39
Pfirsichköpfchen	4 bis 6	21 bis 23	35 bis 37
Erdbeerköpfchen	4 bis 5	21 bis 22	33 bis 36
Rußköpfchen	4 bis 6	20 bis 22	35 bis 38

auch Gemeinschaftshaltungen mit anderen verträglichen Vogelarten sind mitunter möglich. Um ein friedvolles Nebeneinander der Vögel unter Haltungsbedingungen zu gewährleisten, müssen auch die Angehörigen der *Agapornis*-Gattung bestmöglich sozialisiert werden.

Man kann den **Schlupf** der Küken bereits als Beginn der Sozialisierung für das jeweilige Lebewesen bezeichnen. Mit diesem Zeitpunkt beginnt die Kommunikation zwischen Jungvögeln und Eltern beziehungsweise der Jungen untereinander und auch der erste direkte Körperkontakt entsteht.
In der **Wachstumsphase** nach dem Schlupf aus der Eischale lernen die Küken, sich als Angehöriger einer Vogelart zu identifizieren; Eltern und Nestgeschwister sind für jeden Jungvogel somit ein prägendes Spiegelbild für die weitere Entwicklung. Dabei spielt natürlich nicht nur das optische Erkennen des Artangehörigen eine entscheidende Rolle, auch die Stimmlaute und die Verhaltensformen der Gleichaltrigen und Eltern sind sehr wichtig während dieser **Prägungsphase.**
Diese Phase wird nicht automatisch mit dem Ausfliegen der fast selbstständigen Jungvögel aus der Nisthöhle beendet, im Gegenteil, die Sozialisation wird das ganze Vogelleben lang nicht abgeschlossen sein. Gerade bei einer Koloniehaltung kommen dann neue Umwelteinflüsse auf die jungen Agaporniden zu. Gefahren ergeben sich mitunter aus der artgleichen Gruppe, wenn die älteren Tiere versuchen, den noch unsicheren Nachwuchs in die Füße zu beißen. Aber auch Schrecksituationen können entstehen, wenn plötzlich neue Ereignisse stattfinden, die ein kurzes fast

schon panikartiges Verhalten bei den Jungvögeln hervorrufen.
Auch solche Dinge prägen, denn die Jungvögel lernen sich zur Wehr zu setzen oder ihr eigenes Fluchtverhalten dem der übrigen Artangehörigen anzupassen. Darum ist es ratsam, die jungen Agaporniden so lange wie nur möglich bei den Eltern zu belassen. Sollte der Nachwuchs dann doch von den älteren Vögeln getrennt werden, ist unbedingt eine Vergesellschaftung der Jungvögel in einer arteigenen Gruppe zu empfehlen, denn so verlieren sie keinesfalls den Kontakt zu ihren Artgenossen. Die Ruhe- und Aktivitätsphasen werden gemeinsam in der Gruppe erlebt, was für die soziale Entwicklung der Jungvögel von großer Bedeutung ist. Auch die unterschiedlichen Umwelteinflüsse sollten weiterhin auf die jungen Agaporniden einwirken. Somit ist die Haltung der Vögel in einer kombinierten Innen-/Außenvoliere jeder anderen Haltungsform immer vorzuziehen ist.
In solch einer Gruppe junger Vögel sind dann auch bald erste Anzeichen für Paarbildungen zu beobachten. Dies kommt dem natürlichen Verhalten sehr nahe und

Nicht immer ist die Distanz zwischen Männchen und Weibchen bei den Grauköpfchen so gering. Außerhalb der Fortpflanzungszeit vertreiben die Weibchen ihre Männchen nicht selten aus ihrer Nähe.

erübrigt die sonst üblichen Zwangsverpaarungen zukünftiger Zuchtpaare. Auch bei sozial weniger verträglichen Arten wie Taranta-Unzertrennliche, Orange- und Grauköpfchen sind die Jungvögel bis zu einem gewissen Alter noch gut in einer arteigenen Gruppe zu vergesellschaften.

Erst mit dem Erreichen der Geschlechtsreife und der Bereitstellung von Nistmöglichkeiten ändert sich die Friedfertigkeit bei diesen Arten. Bei der freien Partnerwahl sollte man jedoch mitunter regulierend eingreifen, denn auch eng miteinander verwandte Individuen können Partnerschaften eingehen, die später zur Bildung von Zuchtpaaren führen. Inzucht wäre das Ergebnis solcher Partnerschaften, die zu Degenerationserscheinungen bei den Folgegenerationen führen können.

Mit Beginn der Fortpflanzungszeit ändert sich der bis dahin gewohnte Alltag der jungen Vögel. In dem bisher friedlichen Gruppenbild entstehen plötzlich erste kleinere Auseinandersetzungen um die besten Nisthöhlen. Die jungen Agaporniden lernen nun, sich gegen Artgenossen zu behaupten, die Paarfestigung nimmt weitere Zeit des Tages in Anspruch und der Nestbau gilt als neue Herausforderung im Leben dieser Vögel. Einige Wochen später übernehmen die jungen Eltern dann plötzlich selbst die Aufgabe der Lehrer, obwohl auch bei ihnen die Sozialisation immer weitergehen wird.

Ein artenreines Paar Rußköpfchen.

Artenporträts

Die im Folgenden aufgeführten Artenporträts gliedern sich in einem einheitlichen Muster auf. Zuerst werden unter **„Beschreibung“** jeweils Angaben zu den wichtigsten Artmerkmalen wie Länge, Gewicht, Geschlechtsunterschiede, Gelegegröße, Brutdauer, Nestlingszeit, Gesetzesstatus und Beringung (Ringgröße sowie gesetzliche Vorschriften für eine Kennzeichnung) zusammengefasst und übersichtlich dargestellt.
Anschließend werden die jeweiligen Arten anhand der Färbung der adulten männlichen Exemplare ausführlich beschrieben. Bei vorhandenem Geschlechtsdimorphismus folgen dann die geschlechtsspezifischen Unterscheidungsmerkmale vom Weibchen. Auch die Beschreibung der Jungvögel ist Bestandteil dieses Abschnitts in den Artenporträts.

In der **„Systematik“** wird die Stellung der beschriebenen Art in der Gattung *Agapornis* auf Basis neuester wissenschaftlicher Untersuchungen benannt. Sofern sich daraus Angaben zur stammesgeschichtlichen Entwicklung einer Spezies ableiten lassen, finden auch diese Erkenntnisse Berücksichtigung. Es folgt dann die Nennung spezifischer Unterscheidungsmerkmale bei vorhandenen Unterarten.

In dem Kapitel **„Verbreitung und Freileben“** geht der Verfasser auf die derzeitige Ausdehnung der Wildpopulation der beschriebenen Art in Afrika ein und liefert, sofern bekannt, die wichtigsten Daten zu den bewohnten Habitaten. Das „Freileben“ beinhaltet Angaben aus Berichten von Freilandbiologen oder Reisenden, die die Ursprungsgebiete der jeweiligen Art in der Vergangenheit aufsuchten und durch Beobachtungen oder wissenschaftlich fundierte Forschungen Mitteilungen über die Ökologie der Agaporniden lieferten.

„Status und Bedrohung im Freiland“ beleuchtet die gegenwärtige Situation der Arten in ihren Heimatgebieten. An dieser Stelle finden sich Angaben über die Häufigkeit im Verbreitungsgebiet sowie Ursachen der Bedrohung. Außerdem wird der Trend der Gesamtpopulationsentwicklung bei anhaltender Bedrohungslage dargestellt.

Beim **„Status in Menschenobhut“** werden vorhandenen Statistiken über Importzahlen der zurückliegenden Jahre oder auch von Nachzuchterhebung der deutschen Vogelzuchtverbänden oder Bestandserhebungen des EPPAS-Projektes ausgewertet und daraus resultierend eine Einschätzung der gegenwärtigen Situation einer jeden Art in Menschenobhut abgegeben.

„Erste Haltungserfahrungen und bisherige Bruterfolge“ ist der Titel für das Kapitel, das sich mit der Geschichte der Haltung und Zucht der beschriebenen Arten in Menschenobhut auseinandersetzt. Aufgrund der mitunter großen Vielzahl von Berichten konnte für einzelne Arten nur eine grobe Zusammenfassung oder eine

Ermittlung der Messdaten

In den Artbeschreibungen spielen mitunter Messdaten eine Rolle; daraus resultierend wurde jeweils die Variationsbreite ermittelt, die sich aus der Differenz zwischen minimalem und maximalem Längenwert ergibt. Beispielsweise wurden für die Maßangaben (Länge) bei den Grauköpfchen-Eiern ein Minimalwert von 1,91 cm und ein Maximalwert von 2,10 cm herausgefiltert. Außerdem wurde aus den jeweiligen Messdaten das arithmetische Mittel errechnet, indem die Summe der Messdaten durch die Anzahl dividiert wurde. Im Falle der Grauköpfchen-Eier wäre dieser Mittelwert gleich 1,98 cm. Die nun folgende Standardabweichung wird mit dem Mittelwert angegeben und bezeichnet das Ausmaß der Streuung um denselben. Am vorgenannten Beispiel wäre die Standardabweichung vom Mittelwert ± 0,05 cm. Die Anzahl der einzelnen Messdaten wird mit „n“ angegeben. Bei den Längenmessdaten der Grauköpfchen-Eier würde sich daraus folgende Darstellung ergeben:
1,91 – 2,10 (1,98 ± 0,05), n = 13

begrenzte Auswahl von Veröffentlichungen oder persönlichen Mitteilungen anderer Züchter wiedergegeben werden.

Die **„Haltungserfahrungen des Verfassers“** hingegen spiegeln die eigenen Erfahrungen wieder, sofern die Art sich auch tatsächlich im Bestand des Verfassers befand. Sollte Letzteres nicht der Fall gewesen sein, bezieht sich der Verfasser auf Berichte anerkannter Züchter aus neuerer Zeit.

Unter **„Anmerkungen“** wird schließlich zusammenfassend auf die individuellen Schwierigkeiten bei der Haltung der Art hingewiesen und auf Probleme, die sich aus der weiteren Entwicklung einer nicht verantwortungsvollen Zucht ergeben könnten.

Grauköpfchen
Agapornis canus
(Gmelin, 1788)

Beschreibung

Die Grundgefiederfärbung ist grün. Der Kopf, der Hals- und die obere Brustbefiederung sind perlgrau. Die Unterbrust, die Flanken, der Bauch und die Unterschwanzdecken sind hellgrün gefärbt. Ein etwas dunkleres Grün ist auf dem Rücken und Bürzel erkennbar. Die Unterflügeldecken sind schwarz; die Schwungfedern sind dunkelgrau und zeigen an den Außenfahnen eine gelblich grüne Färbung. Der Flügelrand ist grau. Die mittleren Schwanzfedern besitzen eine gelblich grüne Färbung und eine schwarze Spitze. Die äußeren Schwanzfedern sind an der Basis gelblich grün, daran schließt sich eine schwarze Binde an und

die Schwanzspitze, die wiederum grün ist. Der Schnabel ist weißgrau. Die nackte Wachshaut an der Schnabelbasis sowie die Füße sind gräulich; die Krallen sind etwas dunkler gefärbt. Die Augen sind dunkel mit einer hellen Iris.
Die weiblichen Tiere sind in ihrer Grundgefiederfärbung ähnlich dem Männchen; sie weisen jedoch anstelle der perlgrauen Gefiederteile an Stirn, Scheitel, Wangen und Kinn eine eher gräulich grüne Farbe auf. Die Oberbrust ist bei den Weibchen, wie die übrigen Gefiederpartien der Körperunterseite auch, hellgrün. Auch die Unterflügeldecken sind bei den weiblichen Tieren hellgrün.

In verschiedenen Veröffentlichungen wird berichtet, dass juvenile Grauköpfchen oft dem Weibchen ähneln und junge Männchen mitunter eine deutlich sichtbare graugrün gescheckte Brustfärbung zeigen oder auch einen grünlichen Anflug im Nackenbereich. Nach den persönlichen Erfah-

Gesamtlänge: *13 bis 14 cm*
Gewicht: *26 bis 32 g*
Geschlechtsunterschiede: *Männchen und Weibchen sind unterschiedlich gefärbt*
Gelegegröße: *3 bis 6 Eier*
Brutdauer: *21 bis 23 Tage*
Nestlingszeit: *35 bis 40 Tage*
Gesetzesstatus: *WA II / B (Meldepflicht und Herkunftsnachweis)*
Beringung: *3,8 mm-Ring (keine Beringungspflicht, eine Beringung wird jedoch empfohlen)*

Nur Grauköpfchen-Männchen weisen das artbezeichnende Färbungsmerkmal auf.

Die Grauköpfchen-Weibchen sind eher schlicht gefärbt.

rungen des Verfassers gibt es allerdings auch Jungvögel, die bereits in ihrem Jugendgefieder sehr gut als Männchen zu identifizieren sind; bei ihnen sind dann der Oberkopf und die Kopfseiten deutlich grau gefärbt, wobei die perlgraue Farbe in diesen und anderen Gefiederbereichen erst Monate später vorhanden ist.
Eine wirklich sichere Geschlechtsbestimmung anhand der Gefiederfärbung kann bei jungen Grauköpfchen erst im Alter von vier bis fünf Monaten erfolgen; zu diesem Zeitpunkt setzt die Jugendmauser ein und immer mehr perlgraue Federn zeigen sich im Gefieder der männlichen Juvenilen. Der Schnabel ist bei den Jungvögeln gelblich braun mit einer dunkleren Basisfärbung.

Systematik

Das Grauköpfchen gehört innerhalb der Gattung Agapornis zu den Arten, die einen deutlich sichtbaren Geschlechtsdimorphismus aufweisen. Aus stammesgeschichtlicher Sicht muss diese Art zu den älteren Vertretern der Unzertrennlichen gezählt werden. Das Grauköpfchen hat im Laufe seiner Entwicklungsgeschichte die charakteristischen Merkmale wie zum Beispiel den Geschlechtsdimorphismus und das Einbringen des Nistmaterials im Bürzelgefieder behalten.
Die bürstenartige Struktur der Federn, welche das Eintragen von Pflanzenteilen im Gefieder ermöglichten, ist unter allen Agaporniden beim Grauköpfchen am besten ausgeprägt. Der Transport von Nistmaterial im Gefieder ist das evolutionär ältere Verhalten und kommt in ähnlicher Form bei den Fledermauspapageien *(Loriculus)* Südostasiens vor. Erwähnenswert an dieser Stelle ist, dass das Grauköpfchen im Verhältnis zur Körpergröße den längsten Schwanz von allen *Agapornis*-Arten besitzt.

Beim Grauköpfchen gibt es neben der Nominatform ***A. canus canus*** die weitere Unterart ***A. canus ablectaneus.*** Sie unterscheidet sich von der Nominatform durch eine intensivere Graufärbung und einer eher blaugrünen Grundgefiederfarbe. Die morphologische Unterscheidungsmöglichkeit beider Unterarten ist nur bei Wildvögeln mit zweifelsfreier Herkunft möglich. Bei in Menschenobhut befindlichen Grauköpfchen kann es, aufgrund der langen Haltungsgeschichte dieser Art, auch bereits mehrfach zu Unterartmischlingen gekommen sein, was eine sichere Identifizierung der Subspezies nahezu unmöglich macht.

Die Erstbeschreibung von *A. c. canus* erfolgte durch den deutschen Naturwissenschaftler Johann Friedrich Gmelin (1748 – 1804) in seiner 1788 veröffentlichten erweiterten Ausgabe von Carl von Linnés *Systema Naturae* auf der Seite 350.
Die Unterart *A. c. ablectaneus* beschrieb der US-amerikanische Zoologe Outram Bangs (1863 – 1932) 1918 im *Bulletin of the Museum for Comparative Zoology* auf Seite 503 noch als *Agapornis madagascariensis ablectanea.*
Die wissenschaftliche Artbezeichnung *canus* entstammt dem gleichlautenden latei-

nischen Wort, bedeutet „grau“ und nimmt Bezug auf die graue Kopffärbung der Männchen.

Verbreitung und Freileben

Agapornis canus canus (Gmelin, 1788): Ost- und Nordwest-Madagaskar.
Agapornis canus ablectaneus (Bangs, 1918): Südwest-Madagaskar.

In der Vergangenheit verstärkten sich Vermutungen, dass sich an den Grenzen der beiden Verbreitungsgebiete auf Madagaskar Überlappungszonen gebildet haben, an denen es wahrscheinlich zu Vermischungen der beiden Unterarten kommt. In der zurückliegenden Zeit versuchte man Grauköpfchen in verschiedenen Gegenden des afrikanischen Kontinents anzusiedeln. Heutzutage existieren daraus hervorgehend wahrscheinlich nur noch Populationen auf den Komoren, Mayotte, Réunion und den Amiranten, einer Inselgruppe der Seychellen. Auf den Komoren-Inseln Grande Comore, Anjouan und Mohéli wurden durch Dr. Michel Louette und sein Team im Jahr 2008 Populationszählungen bei Kleinen Vasapapageien *(Coracopsis nigra sibilans)*, Großen Vasapapageien *(Coracopsis vasa comorensis)* und Grauköpfchen vorgenommen.

Eine sichere Bestimmung der beiden Unterarten ist bei in Menschenobhut gehaltenen Grauköpfchen kaum noch möglich, da sie oft miteinander vermischt worden sind.

Entgegen der oft anders lautenden Angaben kommen Grauköpfchen auf diesen drei Inseln nur in sehr kleinen Populationen vor. So wurden im Erfassungszeitraum auf Grande Comore 39 Individuen, auf Anjouan 16 und auf Mohéli lediglich ein Exemplar gezählt. Sichere Angaben zu den Populationsgrößen fehlen von den Amiranten, Réunion und Mayotte; scheinbar existieren hier nur noch kleinere Bestände. Eine in den letzten Veröffentlichungen erwähnte Population auf der Seychellen-Insel Mahé soll nach Angaben der *International Union for Conservation of Nature* (IUCN 2012) inzwischen nicht mehr vorhanden sein.

Grauköpfchen sind Bewohner der küstennahen Regionen und suchen Höhenlagen bis zu 1500 Meter auf; vereinzelt ist die Art auf den umliegenden Inseln nahe Madagaskars anzutreffen. Als bevorzugte Lebensräume werden von diesen Vögeln mit Bäumen und Gebüschen bewachsene Graslandschaften bevölkert, wobei vereinzelt auch lockere Waldbestände oder Waldränder innerhalb solcher Habitate aufgesucht werden. Typischerweise sind die trockenen Dorn- und Grassavannen in diesen Bereichen mit Madagaskarpalmen *(Pachypodium lamerei)* und Afrikanischen Baobabs *(Adansonia digitata)* sowie der für Madagaskar typischen Sukkulenten-Flora bewachsen.

In diesen Vegetationsformen finden die Grauköpfchen ihre gewohnte Nahrung, die sich aus verschiedenen Grassamen und Wildfrüchten zusammensetzt. Zur Nahrungsaufnahme werden von diesen Agaporniden aber auch landwirtschaftliche Nutzflächen aufgesucht, wie beispielsweise Reisfelder und Mangoplantagen, in denen die Vögel dann in Schwärmen einfallen; aber auch der zum Trocknen ausgelegte Reis stellt eine willkommene Nahrung dar. In den Anbaugebieten richten Grauköpfchen zur Reifezeit einigen Schaden an und werden daher von der einheimischen Bevölkerung als Ernteschädlinge verfolgt. Dichte immergrüne Wälder werden von den Grauköpfchen gemieden. Auf Madagaskar sind diese Papageien in geeigneten Habitaten durchaus noch häufig anzutreffen und bilden dort außerhalb der Brutzeit Gruppen von bis zu 30 Individuen. Zu nahrungsreichen Zeiten wird die genannte Gruppengröße mitunter erheblich überschritten.

Die Nahrungsaufnahme erfolgt bevorzugt auf dem Boden; auch im Freiland werden kleinste Samen aus den Gräsern herausgearbeitet. Die ebenfalls als Nahrung dienenden Früchte werden hingegen häufig in den Bäumen beziehungsweise Büschen verzehrt.

Die Fortpflanzungszeit der Grauköpfchen beginnt auf Madagaskar im November und reicht bis in den April hinein. Mit Beginn der ersten Fortpflanzungsaktivitäten sondern sich die einzelnen Paare von dem sonst üblichen Gruppengefüge ab und begeben sich auf die Nistplatzsuche. Höhlen in Bäumen sind die typischen Brutstätten, über andere Nistplätze sind bislang keine verlässlichen Angaben getätigt worden. Nach erfolgreicher Suche trägt das Weib-

chen im Gefieder Nistmaterial in die Bruthöhle.
Dieses setzt sich aus Gras-, Blatt- und Rindenteilen zusammen und bildet lediglich eine Unterlage für das Gelege.
Ein vollständiges Gelege soll im Freiland aus zwei bis fünf Eiern bestehen. Nur das Weibchen kümmert sich um die Bebrütung des Geleges, über deren Zeitdauer aus der Natur bislang keine Aufzeichnungen vorliegen. Auch die Nestlingszeit junger Grauköpfchen ist aus dem Freiland bisher nicht bekannt geworden.

Status und Bedrohung im Freiland

Verlässliche Bestandszählungen beim Grauköpfchen sind auf Madagaskar bislang nicht vorgenommen worden. Allgemein wird berichtet, dass die Art häufig vorkommt und weit verbreitet ist. Von der IUCN wird der Bestand des Grauköpfchens derzeit als nicht gefährdet (= least concern) eingestuft, die Art ist aber seit 1981 im CITES-Anhang II aufgelistet. Besondere Schutzmaßnahmen werden somit nicht gefordert.
Als Gründe für mögliche Bestandsrückgänge können in der heutigen Zeit nur die Verfolgung als Ernteschädling und der Fang für den Vogelhandel angesehen werden. Grauköpfchen wurden in der Vergangenheit zahlreich für den Vogelhandel gefangen und außer Landes gebracht. Allein von 1981 bis 2005 wurden laut CITES insgesamt 107.829 lebende Wildvögel in CITES-Mitgliedstaaten eingeführt (UNEP-WCMC CITES Trade Database 2005). Eventuell dürften sich diese Zahlen nach dem im Jahr 2005 erlassenen EU-Importverbot für lebende Vögel insgesamt wieder etwas verringert haben.

Status in Menschenobhut

Das Importgeschehen für die Bundesrepublik Deutschland ist über die seinerzeit veröffentlichten Jahresstatistiken des Bundesministeriums für Umwelt, Naturschutz und Reaktorsicherheit nachvollziehbar.
Demnach wurden zwischen 1984 und 2011 insgesamt 3.795 Grauköpfchen legal in den bundesdeutschen Handel gebracht, mit der Höchstquote im Jahre 1985 (945 Exemplare). Der letzte legale Import in die Bundesrepublik Deutschland erfolgte im Jahr 2001 mit 150 Exemplaren. Daraus ergibt sich für die Jahre 1984 bis 2001 eine Importrate von durchschnittlich 210 Individuen jährlich.
Eine Aufteilung in die beiden existierenden Unterarten *A. c. canus* und *A. c. ablectaneus* wurde in dieser Statistik nicht vorgenommen, sodass hierzu keine detaillierten Aussagen getroffen werden können.
Hauptsächlich aus diesen Wildfängen und den daraus erzüchteten Nachkommen entstand die heutige Volierenpopulation von Grauköpfchen in der Bundesrepublik Deutschland. Gegenwärtig sind einzelne Züchter bestrebt, auch Grauköpfchen zur Blutauffrischung aus benachbarten europäischen Staaten zu bekommen.
Neueren Erhebungen zufolge werden gegenwärtig in zwei zoologischen Einrichtungen Deutschlands Grauköpfchen gehalten

(zootierliste.de, Stand 1.4.2013), wobei dem Verfasser bekannt ist, dass der in dieser Liste aufgeführte Tierpark Berlin keine Grauköpfchen mehr im Bestand hat (Kaiser, pers. Mitteilung). In 13 weiteren Zoos Europas werden laut dieser Liste Grauköpfchen gehalten. Insbesondere die Population im Zoo Zürich (Schweiz) muss an dieser Stelle benannt werden; hier findet eine größere Gruppe eine besonders vorbildliche Haltung in der 11.000 m² großen und reich bepflanzten Masoala-Regenwaldhalle zusammen mit etwa 60 weiteren auf Madagaskar heimischen Tierarten.

Die AZ-Nachzuchtstatistik der Jahre 2000 bis 2012 liefert einen guten Vergleich zum Zuchtgeschehen in den Privathaltungen Deutschlands. In diesem Zeitraum kam es beim Grauköpfchen zu 1.528 aufgezogenen Jungvögeln. Unter diesen Vögeln befanden sich im Jahr 2004 und 2008 auch insgesamt 16 Nachzuchtvögel der Unterart *A. c. ablectaneus* von jeweils zwei Zuchtpaaren.
In der Statistik der VZE für die Jahre 2000, 2002 und 2008 sind insgesamt zwölf nachgezogene Grauköpfchen aufgelistet. Innerhalb des EPPAS-Projektes wurden von 2009 bis 2012 insgesamt elf Nachzuchten bei dieser Art gemeldet, wobei sich die Meldungen hier nicht allein auf die Bundesrepublik Deutschland begrenzen.
Grauköpfchen sind nicht immer durchgängig in den Abgabelisten der Züchter verzeichnet, sodass in manchen Zeitabschnitten eine größere Nachfrage für diese Spezies unter den Agaporniden-Liebhabern zu registrieren ist.

Der Verfasser hält Grauköpfchen gemeinsam mit einem Paar Madagaskarweber (Foudia madagascariensis) *in einer Voliere.*

Erste Haltungserfahrungen und bisherige Bruterfolge

Die erste dokumentierte Haltung dieser Art wird auf das Jahr 1860 datiert. Im Zoo London ist die erste Haltung von einem Paar erfolgt und einige Jahre später wurden Grauköpfchen auch auf dem europäischen Festland gehalten. Nach vier Fehlversuchen gelang die Erstzucht im Jahr 1872 dem deutschen Vogelliebhaber Karl Ruß, der diesen Erfolg auch in seinen zahlreichen Veröffentlichungen publizierte. Zwei Paare hatte er zur Verfügung und züchtete in jenem Jahr drei Jungvögel. Ruß (1881) gab zu seiner Zeit bereits an: *„Nest-*

flaum: gelblichweiß und lang; sobald die ersten Federn sprießen, ist das junge Männchen schon am weißwerdenden Kopf zu erkennen." Allerdings erwähnte er auch immer wieder das scheue Verhalten dieser Vögel, die bei Annäherung stets „krächzten" oder dass das Weibchen sofort flüchtete und sich förmlich in den Nistkasten stürzte.

Alfred Edmund Brehm, der damalige Direktor des Berliner Aquariums, bezeichnete das Grauköpfchen als einen heiklen und hinfälligen Pflegling. Die Spezies war zu jener Zeit regelmäßig im Handel vertreten und recht günstig zu erwerben. 1880 wurden allein nach Deutschland durch den Tierhändler Christian Hagenbeck über 1000 Paare aus Madagaskar eingeführt.

In den Folgejahren ist die Vermehrung von Grauköpfchen, trotz der regelmäßigen und zahlenmäßig mitunter recht häufigen Einfuhren vom Ende des 19. Jahrhunderts bis kurz vor dem Ersten Weltkrieg nur selten gelungen. Sehr wahrscheinlich trug dazu auch die anfänglich hohe Sterblichkeitsrate bei Wildfängen bei, die für viele Frischimporte eine nur kurze Lebensdauer in europäischen Haltungen mit sich brachte und somit die zunächst hohen Zahlen importierter Vögel innerhalb kürzester Zeit doch wieder stark sinken ließ.

Eine Akklimatisierung der Grauköpfchen gestaltete sich mitunter schwierig, denn diese Vögel erwiesen sich als sehr anfällig für Infektionskrankheiten. Häufig starben frisch importierte Grauköpfchen an einer Lungenentzündung und erst die später in unseren Breiten gezüchteten Vögel erwiesen sich als wesentlich robuster. Grauköpfchen wurden zu den Zeiten von Ruß und Brehm allgemein als scheu beschrieben und darum auch als wenig geeignet für eine Zucht angesehen.

Anfang des 20. Jahrhunderts wurde durch die Regierung Madagaskars ein Ausfuhrstopp erlassenen. Danach gelangten erst ab 1970 wieder einige Vögel nach Europa, mit denen weitere erfolgreiche Zuchten registriert werden konnten. Dennoch gehen die dokumentierten Haltungs- und Zuchterfahrungen bei den Kennern dieser Vögel mitunter weit auseinander. Ein englischer Vogelliebhaber berichtete 1912 in „Bird Notes" über den Transport von Nistmaterial beim Grauköpfchen: *„Nachdem das Weibchen die Streifen von Lorbeer und Eiche vorbereitet hatte, verstaute es diese zwischen den senkrecht aufgerichteten Federn von Bürzel und Hinterrücken; als es voll beladen war, war sein Anblick geradezu absurd und es sah fast wie ein Igel aus.*"

Der deutsche Züchter M. Reimann berichtete im Jahr 1955 in der „Gefiederten Welt" über das außergewöhnlich große Badebedürfnis seiner Grauköpfchen und über einen Bruterfolg mit dieser Art. Beide Paarpartner badeten so ausgiebig, dass sie kaum noch auffliegen konnten. Der frühe Agaporniden-Kenner Helmut Hampe berichtet zwei Jahre später, dass Grauköpfchen oft große Nisthöhlen wählen und sich das Weibchen mit gespreiztem Schwanz vor das Flugloch der Höhle hängt und mit den Flügeln zuckt. Hampe macht auch An-

gaben über das eingetragene Nistmaterial, das sich in seinem Bericht aus Blattstücken von Weiden, Birken, Salatköpfen, Efeu, Rhododendron, trockenem Laub, dürren Maisblättern und Kiefernnadeln zusammensetzte. 1964 berichtete der tschechische Züchter Rudolf Vit ebenfalls in der „Gefiederten Welt" über die gelungene Vermehrung von Grauköpfchen.
Eckhard Großmann erwähnte in der Ausgabe 8/1988 der „Ziergeflügel und Exoten" die schwierige Situation der Grauköpfchen-Population innerhalb der DDR; hier sind die Bestände bis 1988 fast zum Erliegen gekommen. Von einer der seltenen Importsendungen in die DDR erhielt Großmann im Jahr 1986 ein Paar Grauköpfchen. Er hielt das Paar fortan in einer Innenvoliere mit den Maßen 2,2 x 0,7 x 1,9 m. Einige Wochen nach der Eingewöhnung stellte er zwei verschiedene Nisthöhlen zur Verfügung: eine Naturstammnisthöhle und einen größeren Querformatnistkasten. Beide Varianten fanden in den darauffolgenden Tagen keinerlei Beachtung bei diesem Paar und erst ein weiteres Nisthöhlenangebot sorgte für Interesse bei den Grauköpfchen. Ein umgebauter Wellensittichnistkasten im Querformat bewegte das Weibchen dazu, in das Innere zu schlüpfen.
Als Nistmaterial bot dieser Züchter seinem Paar Grauköpfchen Weidenzweige und Efeu an. Nach einigen Tagen wurde der angebotene Efeu in kleine Streifen geschält, die Weide jedoch nicht beachtet, wohl aber der später angebotene Rhododendron. In der Folgezeit begann das Männchen zu balzen und sein Weibchen zu füttern. Aus drei befruchteten Eiern setzte sich das vollständige Gelege im Dezember 1986 schließlich zusammen. Einige Tage nach der Eiablage übernachtete nun auch das Männchen bei seinem brütenden Weibchen in der Nisthöhle. Dieser Brutversuch endete jedoch erfolglos, da das Weibchen durch eine Nisthöhlenkontrolle, 14 Tage nach der Eiablage, wahrscheinlich zur Aufgabe des Geleges veranlasst wurde. Die Küken waren im Ei fünf Tage vor dem eigentlichen Schlupftermin abgestorben. Etwa ein halbes Jahr später glückte Großmann schließlich die Aufzucht von zwei jungen Männchen.
Der bekannte deutsche Agaporniden-Züchter Eckhard Lietzow hatte 1981 sein erstes Paar Grauköpfchen erhalten. In den Folgejahren endeten Vermehrungsversuche mit diesem und einem weiteren Paar nicht zufriedenstellend. Ende 1992 erfolgte ein erneuter Versuch mit einem noch jungen Paar. Nach der Eingewöhnung und Futterumstellung erhielten diese Vögel einen Nistkasten mit den Maßen 23 x 14 x 14 cm; der Schlupflochdurchmesser betrug 5 cm. Recht schnell suchte das Weibchen das Kasteninnere auf und begann wenig später die in schmalen Streifen verbissenen Rhododendronblätter in ihrem Rücken- und Bürzelgefieder in die Niststätte zu transportieren. Innerhalb von drei Tagen war der Höhlenboden mit einer 2 cm hohen Schicht Nistmaterial ausgepolstert. Schließlich wurden von dem Weibchen im Abstand von jeweils zwei Tagen fünf Eier gelegt. 23 Tage nach der Ablage des ersten

Eies schlüpfte der erste Jungvogel und nach weiteren sieben Tagen ein weiteres Küken, das aber nur ein Alter von vier Tagen erreicht. Anfangs begab sich auch das Männchen in das Kasteninnere, aber nachdem der Jungvogel ein Alter von zehn Tagen erreicht hatte, wurde das Männchen nur noch vor dem Höhleneingang gesichtet; hier fütterte es sein Weibchen durch das Schlupfloch.

Im Alter von 20 Tagen konnte man bei dem jungen Grauköpfchen anhand der Stirnfärbung erkennen, dass es sich um ein junges Männchen handelte. Der Nachwuchs befand sich noch einige Tage in der Nisthöhle, als das erste Ei eines neuen Geleges gezeitigt wurde. Dieses bestand schließlich aus insgesamt sechs Eiern, aus denen fünf Jungvögel erfolgreich aufgezogen wurden.

Der Züchter Siegfried Große erwarb im Jahr 2000 zwei Paar Grauköpfchen und brachte diese gemeinsam in einer Voliere unter, vergesellschaftet mit einem Paar Glanzsittiche *(Neophema splendida)*, einem Paar Mosambikgirlitze *(Serinus mozambicus)* und einem Paar Chinesische Zwergwachteln *(Coturnix chinensis)*. Nachdem in dieser Zusammensetzung keinerlei Zuchtversuche unternommen worden sind und einige Zeit später auch ein Weibchen verstarb, gab Große seine Grauköpfchen wieder ab. Zwei Jahre später setzte der gleiche Züchter wieder zwei Paar Grauköpfchen in die besagte Voliere, in der sich nunmehr keine Glanzsittiche mehr befanden. Es wurde von beiden Weibchen vier beziehungsweise fünf Eier gelegt, die sich zunächst als unbefruchtet herausstellten. Als Große im Jahr 2003 für mehrere Mona-

Ein männliches Grauköpfchen kurz vor dem Ausfliegen. Deutlich erkennbar ist bereits die geschlechtsspezifische Färbung.

te ins Krankenhaus musste und seine Ehefrau für diesen Zeitraum die Pflege seiner Vögel übernahm, konnte ein männlicher Jungvogel nachgezogen werden. Über den Brutverlauf konnten keine Angaben gemacht werden, jedoch ist durchaus erwähnenswert, dass die Vermehrung von Grauköpfchen in einer Gemeinschaftshaltung unter Umständen im beschränkten Maß erfolgreich sein kann.
Der Berliner Züchter Andreas Peter erwarb Ende April 2003 zwei Grauköpfchen-Paare und brachte diese jeweils in Zuchtboxen mit den Maßen 1,4 x 0,5 x 0,5 m unter. Dieser Züchter berichtete über das geeignete Nistmaterial. Das übliche in der Literatur erwähnte Nistmaterial verschmähten seine Vögel. Er bot seinen Grauköpfchen Kirschlorbeer-Blätter an, die sofort eine große Akzeptanz bei den Weibchen fanden. Bereits im Juni des gleichen Jahres waren bei beiden Paaren fünf Küken geschlüpft und in 2003 erreichten bei ihm insgesamt 21 Jungvögel das Erwachsenenalter.

Haltungserfahrungen des Verfassers

Die Haltungserfahrungen des Verfassers mit Grauköpfchen begannen 2011. Zurzeit befinden sich noch zwei Zuchtpaare in seiner Obhut. Im Jahr 2011 zog das erste Paar in eine Außenvoliere mit den Maßen 3 x 1,5 x 2 m und einen daran angeschlossenen Schutzraum mit den Maßen 2 x 1,5 x 2 m ein. Die Innenvoliere kann in der kalten Jahreszeit beheizt werden und ist, über Zeitschaltuhren gesteuert, mit einer künstlichen Beleuchtung ausgestattet. Die Innentemperatur wird auch im Winter bei mindestens 10 °C gehalten, wobei die Grauköpfchen selbst bei leichten Frösten tagsüber stets die Möglichkeit erhielten, die Außenvoliere nach Belieben aufzusuchen. Es handelte sich um ein noch junges blutsfremdes Paar.
Diese beiden Vögel wurde in der erwähnten Voliere mit einem Paar Balistare *(Leucopsar rothshildi)* vergesellschaftet; alle Insassen dieser Unterkunft zeigten sich sehr friedfertig und schenkten sich gegenseitig keinerlei Beachtung.
Als Nahrung diente den Grauköpfchen zunächst eine Agaporniden-Mischung der Firma Versele Laga, verschiedene Sorten Obst und natürlich Kolbenhirse, die von den Grauköpfchen besonders gern verzehrt werden. Gelegentlich wurden die kleinen Papageien dabei beobachtet, wie sie sich an den Futternapf der Balistare begaben und dort ebenfalls Teile des Starenfutters zu sich nahmen. Um welche Bestandteile des Starenfutters es sich dabei handelte, konnte zunächst nicht festgestellt werden. Diese Fütterungsmethode wurde bis zum kommenden Frühjahr beibehalten.
Im März 2012 wurde das Futter umgestellt. Jetzt wurden zu dem bereits genannten Futter zusätzlich Keimfutter, ein Kraft- und Aufzuchtfutter sowie Grünpflanzen angeboten. Unter den Grünpflanzen stellte sich die Vogelmiere bald als begehrteste Pflanze bei den Grauköpfchen heraus. Aber auch die halbreifen und reifen Samenstände einheimischer Gräser fanden große Beachtung bei diesen Vögeln.

Etwa zeitgleich erhielten die Grauköpfchen und auch die Balistare jeweils eine Naturstammnisthöhle angeboten. Die Nisthöhle der Grauköpfchen hatte einen Innendurchmesser von 13 cm und eine Höhe von 32 cm; das Flugloch maß 5 cm im Durchmesser. Die Balistare erhielten, wie auch die Jahre zuvor, eine Höhle mit einem Innendurchmesser von 23 m, einer Höhe von 45 cm und einem Schlupflochdurchmesser von 8 cm. Die Balistar-Nisthöhle war mit einer Infrarotkamera versehen, die eine Beobachtung der Vögel im Innern der Nisthöhle ermöglichen sollte. Die Stare begannen sofort nach der Bereitstellung der Nisthöhle damit, Nistmaterial einzutragen, das sich aus kleinen Birkenzweigen und etwas Blattwerk zusammensetzte. Etwa drei Tage später zeigten die Balistare etwas Desinteresse für „ihre" Nisthöhle. Nun war aber das Grauköpfchen-Weibchen dabei zu beobachten, wie es schmale Streifen vom bereitgestellten Kirschlorbeer und Teile vom Löwenzahn in ihrem Rücken- und Bürzelgefieder in das Schutzhaus transportierte.

Alles schien sich normal zu entwickeln. Die Kamera offenbarte dem Beobachter, dass sich das Grauköpfchen-Weibchen die große Balistar-Nisthöhle als Brutstätte ausgesucht hatte und diese Wahl von den wesentlich größeren Balistaren scheinbar auch akzeptiert wurde. Um aber beide Arten zur Fortpflanzung zu bringen, wurde die größere Nisthöhle wieder aus der Innenvoliere genommen, woraufhin sich das Grauköpfchen-Weibchen in die für sie vorgesehene Naturstammhöhle begab und auch dort weiterhin Nistmaterial eintrug. Von diesem Zeitpunkt an vergingen unge-

Ein weiblicher Jungvogel des Grauköpfchen-Zuchtpaares kurz vor dem Verlassen der Nisthöhle.

Eimaße beim Grauköpfchen
Länge: *1,91 bis 2,10 (1,98 ± 0,05), n = 13*
Breite: *1,50 bis 1,54 (1,53 ± 0,02), n = 13*

fähr drei Wochen, bis das erste Ei auf einer etwa 2 cm dicken Schicht Nistmaterial zu sehen war.
Das Gelege bestand schließlich aus insgesamt vier Eiern. Da das Weibchen nur äußerst selten am Tag außerhalb der Nisthöhle zu beobachten war, wagte der Verfasser Nisthöhlenkontrollen auch während der Anwesenheit des Weibchens. Es duckte sich dabei stets an die Innenwand der Brutstätte und gab einen krächzenden Laut von sich. So erhielt der Verfasser zumindest einen nahezu ungehinderten Blick auf das Gelege und die beiden nach 22 Tagen geschlüpften Jungvögel. Die beiden anderen Eier dieses Geleges erwiesen sich später als unbefruchtet. Im Alter von jeweils 13 Tagen wurden die jungen Grauköpfchen mit einem geschlossenen 3,8 mm-Fußring gekennzeichnet. In den Folgetagen brachen die ersten Federkiele auf und offenbarten bereits im Alter von 20 Tagen das Geschlecht der beiden Jungvögel; das junge Männchen zeigte ein noch dunkles Grau am Oberkopf und den Kopfseiten. Nach einer Nestlingszeit von nahezu 40 Tagen war das zuerst geschlüpfte Männchen außerhalb der Nisthöhle zu sehen und zwei Tage später folgte das Weibchen im gleichen „Lebens"-Alter. Unmittelbar darauf folgte eine weitere Brut, die ähnlich verlief wie die erste. Hier schlüpften aus vier Eiern drei Jungvögel.
Im Jahr 2012 wurde ein weiteres junges Paar Grauköpfchen angeschafft, das noch im gleichen Jahr zur Brut geschritten ist. Das neue Paar wurde von April bis Mitte September 2012 in einer separaten Voliere untergebracht. Dabei handelte es sich um eine Außenvoliere mit einem geschützten Bereich, der den Tieren hinreichend Schutz vor Wind, Sonne und auch Regen bietet und die nur während der Fortpflanzungsperiode besetzt ist. Diese Voliere hat die Maße 3 x 2 x 1 m, wovon ein Drittel überdacht beziehungsweise von drei Seiten mit Mauerwerk umgeben ist. In dem geschützten Teil befindet sich auch die Nisthöhle. Erstmals im Mai 2012 schritt auch das dort untergebrachte Paar zur Brut und aus fünf Eiern schlüpften nach einer Inkubationszeit von 21 beziehungsweise 22 Tagen vier Jungvögel.
Außerhalb der Fortpflanzungsperiode werden die beiden Zuchtpaare und auch die noch vorhandenen Jungvögel über die kalte Jahreszeit in einer Gruppe mit den Balistaren vergesellschaftet.

Anmerkung

Wie bereits erwähnt können die beiden Unterarten vom Grauköpfchen in Menschenobhut nicht mehr sicher unterschieden werden. Importe von Wildvögeln kommen heutzutage nicht mehr zustande und unter den noch vorhandenen Vertretern dieser Art dürften sich aufgrund des zu erwartenden Lebensalters keine Im-

portvögel mehr befinden. Über diese Tatsache sollte sich jeder Liebhaber von Grauköpfchen bewusst sein.
Allerdings traten beim Grauköpfchen in der Vergangenheit kaum Mutationen auf. Im Jahr 2010 soll bei dem tschechischen Züchter Petr Podpera ein erstes gelbgeschecktes Grauköpfchen gezüchtet worden sein. Gerade bei den etwas schwieriger zu vermehrenden Grauköpfchen wäre eine Verbreitung von Mutationsformen unter den in Menschenobhut befindlichen Individuen auf das Schärfste zu verurteilen. Hier sollte man hingegen unbedingt weitere intensive Anstrengungen unternehmen, um den vorhandenen Bestand zu sichern und die Tiere unter dem Aspekt der Verwandtschaftsferne stetig zu vermehren. Auch die verwandtschaftlich engen Linien der derzeit in der Bundesrepublik Deutschland lebenden Vögel sollten unbedingt mit nicht verwandten Artangehörigen aus anderen Ländern Europas vereint werden, um die genetische Variabilität dieser Spezies auch noch über viele Jahre zu erhalten.

Orangeköpfchen
Agapornis pullarius
(Linné, 1758)

Beschreibung

Die Grundgefiederfärbung beim Orangeköpfchen ist ein leuchtendes Grün. Namensgebend sind der rote Vorderkopf und Scheitel sowie die kräftig orangerot ge-

Gesamtlänge: *14 bis 15 cm*
Gewicht: *30 bis 36 g*
Geschlechtsunterschiede: *Männchen und Weibchen sind unterschiedlich gefärbt*
Gelegegröße: *3 bis 6 Eier*
Brutdauer: *21 bis 24 Tage*
Nestlingszeit: *42 bis 56 Tage*
Gesetzesstatus: *WA II / B (Meldepflicht und Herkunftsnachweis)*
Beringung: *4,0 mm-Ring (keine Beringungspflicht, eine Beringung wird jedoch empfohlen)*

färbten Wangen, das ebenso gefärbte Kinn und die Kehle. Um die Augen sind kleine weiße Federn zu erkennen.
Das Brust- und Bauchgefieder sowie die Flanken und die Unterschwanzdecken sind etwas heller grün gefärbt; diese Gefiederpartien wirken mit einem gelblichen Farbton durchsetzt. Der Rücken und die Flügeldecken sind etwas dunkler grün gefärbt. Der Flügelrand ist blauweißlich mit einzelnen blauen Federn; die Unterflügeldecken sind schwarz gefärbt. Die Handschwingen besitzen dunkelgrüne Außenfahnen und schwarzbraune Innenfahnen. Beeindruckend himmelblau gefärbt ist der Bürzel; die Oberschwanzdecken sind wiederum grün.
Unter allen Agaporniden besitzt das Orangeköpfchen die wohl schönste Schwanzfärbung; diese ist an der Basis kräftig rot gefärbt, woran sich eine schmalere schwarze Bänderung sowie ein noch schmaleres grünes Band anschließt, das letztendlich in eine gelblich grüne Spitze übergeht.

Der Oberschnabel dieser Vögel ist orangerot, der Unterschnabel wirkt gelblich rot verwaschen. Die Iris ist dunkelbraun gefärbt. Die Füße weisen eine graue Farbgebung auf, wobei die Krallen dunkelgrau gefärbt sind.
Die Weibchen der Nominatform sind an Vorderkopf, Scheitel, Wangen, Kinn und Kehle nur blass orangerot gefärbt; die Unterflügeldecken erweisen sich als eher grüngrau. Die Flügelränder sind bei den weiblichen Exemplaren grüngelb gefärbt.
Juvenile Orangeköpfchen ähneln in ihrem Aussehen zunächst dem Weibchen, wirken insgesamt jedoch blasser. Die später orangeroten Färbungen sind noch nicht so ausgedehnt vorhanden wie bei den Alttieren und für einige Monate noch in einer eher gelblichen Färbung vorhanden. Die Basis des Schnabels ist schwärzlich. Junge Männchen sind bereits in ihrem ersten Gefieder anhand der schwarzen Unterflügeldecken zu identifizieren. Der Schnabel weist eine dunkle Basisfärbung auf.

Systematik

Bei Orangeköpfchen liegt ein Geschlechtsdimorphismus vor; adulte Männchen und Weibchen lassen sich anhand des phänotypischen Aussehens unterscheiden.
Die sexuell dimorphe Gruppe unter den Agaporniden, zu der auch das Orangeköpfchen zählt, vereint die primitiveren Arten,

Bälge vom Orangeköpfchen aus der Sammlung des Zoologischen Museums Berlin. Sehr gut zu erkennen sind die unterschiedlichen Färbungen der Flügelränder beider Geschlechter: a) Männchen, b) Weibchen.

die aus einem gemeinsamen *canus*-Vorfahren hervorgegangen sind. Auch das Nestbauverhalten des Orangeköpfchens deutet auf eine längere stammesgeschichtliche Entwicklung dieser Spezies hin.

Beim Orangeköpfchen gibt es neben der Nominatform ***A. pullarius pullarius*** die Unterart ***A. pullarius ugandae.*** Sie unterscheidet sich von der Nominatform durch eine etwas dunklere rotorange Färbung an den entsprechenden Kopfpartien. Die Ausdehnung der himmelblauen Bürzelfärbung ist etwas geringer als bei der Nominatform.

Die Erstbeschreibung von *A. p. pullarius* erfolgte durch den schwedischen Naturwissenschaftler Carl von Linné in seinem *Systema Naturae,* das 1758 veröffentlicht wurde. Hier fand die Nominatform vom Orangeköpfchen auf der Seite 102 Erwähnung als *Psittacus pullaria.*

Die Subspezies *A. p. ugandae* wurde durch den deutschen Zoologen Oscar Rudolph Neumann (1867 – 1946) im Jahr 1908 im *Novitates Zoologicae* auf der Seite 388 beschrieben und fand somit Einzug in die zoologische Systematik.

Der Artname *pullarius* ist lateinischen Ursprungs und setzt sich aus den Worten „pullus“ = „junges Tier“ und „arius“ = „ähnlich“ zusammen. Im übertragenen Sinne könnte man *pullarius* übersetzen mit „einem Jungvogel ähnlich“.

Ein Orangeköpfchen-Weibchen.

Verbreitung und Freileben

Agapornis pullarius pullarius (Linné, 1758): Zentral-Westafrika von Guinea bis zum nördlichen Angola und weiter östlich von Südwest-Sudan bis an östliche Grenze der Demokratischen Republik Kongo.
Agapornis pullarius ugandae (Neumann, 1908): Über Südwest-Äthiopien, Ost-Zentralafrika, Uganda bis in den Süden von Burundi.
Das Orangeköpfchen weist von allen *Agapornis*-Arten das größte zusammenhängende Verbreitungsgebiet auf. Isolierte

Populationen der Nominatform befinden sich in Sierra Leone, im zentralen Teil der Demokratischen Republik Kongo, Äthiopien sowie an der Küste des mittleren Angolas. Sichtmeldungen gab es aber auch von den westafrikanischen Inseln São Tomé, Príncipe und Bioko.
Da die Verbreitungsgebiete beider Unterarten aneinander treffen, insbesondere an der östlichen Grenze der Demokratischen Republik Kongo und Ugandas, kann eine Vermischung beider Subspezies in diesen Gebieten vermutet werden. Sichere Belege dafür gibt es gegenwärtig allerdings noch nicht.
Orangeköpfchen leben vornehmlich in den Trockensavannen, in denen sie Büsche, Bäume sowie lichte Waldgebiete bevölkern, dabei bevorzugen sie aber vor allem Gegenden, in denen Termitenhügel zu finden sind. In Dornenbuschsavannen können diese Vögel gelegentlich angetroffen werden. Geschlossene Wälder werden von ihnen allgemein gemieden. Vereinzelt sind diese Agaporniden jedoch in Überschwemmungsland oder auch auf kultivierten Nutzungsflächen anzutreffen.
Orangeköpfchen bevölkern diese Lebensräume möglichst in der Nähe von Flussläufen oder Seen und bis in Höhenlagen von 1400 Meter.
Als typische Vegetationsform der Trockensavanne können Hochgräser, Baobabs, Akazien und der Maulbeerfeigenbaum bezeichnet werden. Grassamen, Früchte, Beeren, Knospen und wahrscheinlich auch Insektenlarven gehören zum Nahrungsspektrum der Orangeköpfchen in deren Verbreitungsgebiet. Diese Agaporniden sind entweder paarweise, in Familienverbänden oder in kleineren Gruppen von bis zu 30 Tieren anzutreffen.
Nur scheinbar selten suchen die Orangeköpfchen den Boden zur Nahrungsaufnahme auf. Mit dem Reifen der Getreidesorten fallen diese Papageien auch vermehrt in die Anbauflächen von verschiedensten Hirsekulturen ein. Dort kann es dann auch zu größeren Ansammlungen kommen.
Zur Nahrungsaufnahme legen die Orangeköpfchen während des Tages größere Flugstrecken zurück; am Abend finden sie sich dann wieder an gemeinschaftlichen Übernachtungsplätzen zusammen.

Mit der Regenzeit, die in dem großen Verbreitungsgebiet dieser Vögel territorial unterschiedlich einsetzt, beginnen auch die Pflanzen zu gedeihen und ihre Fruchtstände auszubilden. Während dieser Zeit finden auch die Orangeköpfchen wieder ausreichend Nahrung und widmen sich sofort ihrer Fortpflanzung. Da die Regenzeiten in dem großen Verbreitungsgebiet der Orangeköpfchen regional unterschiedlich einsetzen, kommt es territorial auch zu verschiedenen Brutzeiten dieser Vögel. So wurden in Sierra Leone Fortpflanzungsaktivitäten im September festgestellt, in Ostafrika hingegen von März bis Oktober.
Die Paare sondern sich mit Beginn der Brutzeit von den übrigen Gruppenmitgliedern ab und begeben sich auf die Suche nach einer geeigneten Brutstätte. Hierbei kommt es zwischen diesen Vögeln und anderen in Höhlen nistenden Arten kaum zu

Konflikten, denn Orangeköpfchen haben sich im Laufe ihrer Entwicklungsgeschichte auf außergewöhnliche Neststandorte spezialisiert. Sie nutzen die noch bewohnten Termitenbauten von zumeist baumbewohnenden Arten und scheinen seltener die auf dem Erdboden befindlichen Termitenhügel zu besetzen. Im Innern dieser Termitenbauten herrscht eine nahezu konstante Temperatur.
Die Orangeköpfchen-Weibchen nagen einen etwa 15 bis 20 cm langen Gang in diese Termitenbauten, an den sich eine Bruthöhle anschließt, die ebenfalls von den Weibchen ausgeformt wird und einen Durchmesser von ungefähr 10 cm aufweist. Das Weibchen trägt anschließend auch das Nistmaterial aus Gras, Blatt- und Rindenstücken allein in die fertiggestellte Höhle. Diese Pflanzenteile steckt sich das Weibchen in das Bürzelgefieder und transportiert es so in das Höhleninnere; die größeren Stücke werden dort kleiner genagt. Nur der Höhlenboden wird von dieser Gelegeunterlage in einer dünnen Schicht bedeckt.
Ein vollständiges Gelege besteht aus vier bis sechs Eiern. Es wird allein vom Weibchen über einen Zeitraum von 21 bis 23 Tagen bebrütet. Etwa sieben Wochen nach dem Schlupf verlassen die jungen Papageien die Höhle.
Nach einzelnen Literaturangaben sollen Orangeköpfchen gelegentlich auch Nester in Baumhöhlungen anlegen. Über die Brutbiologie dieser Art liegen aus dem Freiland keine weiteren Aufzeichnungen vor.
Bemerkenswert ist ein Bericht aus dem Jahr 2002, wonach sich Orangeköpfchen während der Rast an Zweigen kopfüber hängen lassen und sich in dieser Position sogar gegenseitig putzen.
Neueste wissenschaftliche Forschungen am Orangeköpfchen beziehen sich zumeist auf molekulargenetische Untersuchungen, die zur Klärung der verwandtschaftlichen Verhältnisse zu anderen *Agapornis*-Spezies beitragen sollen.

Status und Bedrohung im Freiland

Das Verbreitungsgebiet dieser Art ist sehr groß, sodass genaue Bestandsermittlungen bereits aufgrund dieser Tatsache schwierig sind. Zählungen sind in der Vergangenheit scheinbar auch noch nicht vorgenommen worden, dem Verfasser liegen darüber jedenfalls keine Daten vor. Allgemein wird in den zugänglichen Literaturquellen berichtet, dass Orangeköpfchen in ihren Verbreitungsgebieten allgegenwärtig sind. Momentan wird der Bestand des Orangeköpfchens von der IUCN als nicht gefährdet (= least concern) eingestuft und die Art ist im Anhang II des Washingtoner Artenschutzübereinkommens (CITES) gelistet. Von der IUCN wird die gegenwärtige Populationszahl als abnehmend eingeschätzt, dennoch sind derzeit keine besonderen Schutzmaßnahmen für die Art vorgesehen.
Als Gründe für eventuelle Bestandsrückgänge bei dieser Art kommen heutzutage die anhaltende Nachfrage für den Heimvogelmarkt und die Verfolgung als Ernteschädling in Betracht. In der Vergangen-

Ein Orangeköpfchen-Männchen.

heit (von 1984 bis 2010) wurden 1.225 Orangeköpfchen allein in die Bundesrepublik Deutschland importiert. Mit dem im Jahr 2005 erlassenen EU-Importverbot dürfte der europäische Markt für Naturentnahmen dieser Spezies zum Erliegen gekommen sein. Laut CITES-Angaben wurden 2012 aber allein 2.000 Orangeköpfchen aus der Demokratischen Republik Kongo und 1.000 Tiere aus Togo exportiert. Wohin diese Vögel gelangten, ist dem Verfasser nicht bekannt.

Status in Menschenobhut

Orangeköpfchen wurden zwischen 1984 und 2011 in größeren Zahlen legal in die Bundesrepublik Deutschland importiert. Nach dem Pfirsichköpfchen und dem Grauköpfchen ist das Orangeköpfchen die Art, die am dritthäufigsten importiert worden ist mit einer Höchstquote von 260 Tieren im Jahr 1986. Zuletzt sind im Jahr 2004 191 Vögel dieser Spezies in die Bundesrepublik Deutschland gelangt. Aus diesen Daten lässt sich für die Zeit von 1984 bis 2004 eine Importrate von durchschnittlich 58 Exemplaren pro Jahr errechnen, wobei in elf Jahren dieses Zeitraums keine Importe von Orangeköpfchen aufgeführt sind.
In den Jahresstatistiken des Bundesministeriums für Umwelt, Naturschutz und Reaktorsicherheit wurden hinsichtlich des Importgeschehens keine Unterschiede bei

der Unterartzugehörigkeit gemacht. Aus den Importen und den wenigen daraus gezüchteten Vögeln setzt sich in der Gegenwart die Population in der Bundesrepublik Deutschland zusammen. Auch in den europäischen Nachbarländern stellt sich die Situation gleichermaßen dar.

In öffentlichen Parks werden nur in der Vogelburg Weilrod-Hasselbach innerhalb der Bundesrepublik Deutschland noch Orangeköpfchen gehalten und in drei weiteren zoologischen Einrichtungen Europas werden diese Vögel als Bestand erwähnt (zootierliste.de, Stand 1.4.2013). Leider wird in dem Internetportal nicht erwähnt, in welcher Zahl die Vögel in den entsprechenden Institutionen gehalten werden.

Innerhalb der deutschen Vogelzüchtervereinigung AZ wurden für den Zeitraum 2000 bis 2012 insgesamt 103 erzüchtete Orangeköpfchen aufgeführt. In den Nachzuchtstatistiken der AZ sind für die Jahre 2006 fünf Zuchtpaare und 2007 sechs Zuchtpaare der Unterart *A. p. ugandae* aufgelistet. Leider sind die Angaben zur Unterartbezeichnung dieser Vögel durch den Verfasser nicht zweifelsfrei nachprüfbar. Eine sichere Unterscheidung der beiden Unterarten scheint jedoch auch bei Volierenvögeln möglich.
Die VZE führt in ihrer Nachzuchtstatistik für die Jahre 2000, 2002 und 2008 kein Orangeköpfchen auf. Innerhalb des auf europäischer Ebene ausgelegten Erhaltungszuchtprojektes für diese Art (EPPAS) sind bislang nur im Jahr 2012 insgesamt acht junge Orangeköpfchen unbekannten Geschlechts als Nachzuchterfolg gemeldet worden.

Heute sind Orangeköpfchen nur ausnahmsweise zu bekommen und man muss durchaus mit Preisen von weit über 1.000,- Euro für ein Paar rechnen. Trotz dieses hohen Preises besteht nach wie vor eine rege Nachfrage unter den Liebhabern.

Erste Haltungserfahrungen und bisherige Bruterfolge

Das Orangeköpfchen ist schon sehr lange bekannt. Nach Karl Ruß ist die Art bereits im Jahr 1605 von Clusius als Stubenvogel erwähnt worden. Die Herkunft dieser Vögel wurde von den älteren Schriftstellern lange Zeit nicht mit dem afrikanischen Kontinent in Verbindung gebracht. So gab man die Heimat des Orangeköpfchens mit Ostindien, Java oder sogar Brasilien an.
Die ersten Importe, die bereits um 1730 zu Zeiten von Buffon stattgefunden haben sollen, kamen zunächst in großer Anzahl von Guinea nach Holland, wo sie zu hohen Preisen gehandelt wurden. Buffon erwähnte seinerzeit auch, dass in Frankreich ein Weibchen während des Januars Eier in seinem Käfig gelegt haben soll, welcher in einem ungeheizten Raum stand. Zu dieser Zeit galten die Orangeköpfchen in Guinea noch als zahlreich vorkommend und sie verursachten nach Aussagen damaliger Reisender beträchtlichen Schaden an den Feldfrüchten. Buffon erwähnte jedoch 1783 in seinem Werk *Histoire naturelle des*

oiseaux, dass sich dieser Bestand durch den *„vieljahrelangen Fang und massenhafte Ausfuhr nach Europa bereits wahrnehmbar verringert, wenigstens in allen dem europäischen Verkehr zugänglichen Gegenden"*.

Ruß gibt 1881 in seinem Werk *Die Papageien, ihre Naturgeschichte, Pflege, Züchtung und Abrichtung* an, dass Orangeköpfchen zu dieser Zeit sogar in steigender Anzahl fortdauernd ausgeführt wurden. Er schätzte, dass jährlich 5.000 bis 6.000 Paare allein nach Europa gebracht wurden. Er schreibt: *„Bei uns gibt es kaum eine Vogelstube, in welcher nicht mindestens ein Pärchen vorhanden wäre."*

Ruß kaufte seinerzeit eine größere Anzahl Orangeköpfchen und behielt von diesen schließlich zwei Paare für sich, die er in separaten Unterkünften unterbrachte. Die Weibchen legten schließlich auch Eier in Nistkästen und bebrüteten diese. Die Männchen hielten sich während dieser Zeit immer in der Nähe der Brutstätte auf; die Zeit verbrachten die Männchen währenddessen damit zu fressen, zu singen und das Weibchen zu füttern, wenn dieses täglich für 15 bis 20 Minuten das Gelege verließ. Zu einem abschließenden Zuchterfolg kam es bei Ruß allerdings nicht, denn geschlüpfte Jungvögel überlebten nur einige Tage.

Einen weiteren Teil-Zuchterfolg hatte aber zuvor im Jahr 1868 der Vogelliebhaber W. Neubert aus Stuttgart zu verzeichnen; allerdings starben die bei ihm geschlüpften Jungvögel ebenfalls innerhalb weniger Tage. Ein erster wirklicher Zuchterfolg wurde von E. Spille in Osnabrück um 1900 bekannt. Hier kam es zur Aufzucht von zwei und später von drei Jungvögeln in normalen Nistkästen.

Der deutsche Agaporniden-Experte Helmut Hampe beschäftigte sich in den 1930er-Jahren intensiver mit der Haltung und Vermehrung von Orangeköpfchen. Er fand schließlich heraus, dass diese Vögel weniger anpassungsfähig als die anderen haltungsrelevanten Arten sind. Er versuchte seinen Orangeköpfchen für das Fortpflanzungsgeschehen naturnahe Bedingungen zu bieten, indem er einen Termitenhügel aus Lehm, Kalk und Sand nachbildete. In diesem Gebilde schufen sich die Vögel ihre Gänge und die Nestkammer. Als Ergebnis dieser Bemühungen schlüpfte leider nur ein Jungvogel, der jedoch nicht selbstständig wurde.

Der Brite A. A. Prestwich hielt 1956 einen Schwarm Orangeköpfchen in einer Außenvoliere. Er bot seinen Vögeln mit fest gestampftem feuchten Torf gefüllte Holzfässer als Nistmöglichkeiten an. Die Vögel schufen sich auch darin ihre Gänge sowie Kammern und legten auch Eier, jedoch kam nur ein Jungvogel zum Schlupf, der im Alter von 35 Tagen verstarb.

Dem Züchter E. Zürcher aus Ostermunding gelang schließlich ein abgeschlossener Zuchterfolg. Auch er benutzte feuchten Torf dazu, um die angebotenen Kästen zu füllen und seine Orangeköpfchen zum natürlichen Fortpflanzungsverhalten zu veranlassen. Nach einigen missglückten

Versuchen gelang ihm schließlich die Aufzucht von mehreren Orangeköpfchen.
Es gibt auch Angaben über die Fertigung spezieller Nisthöhlen, die aus zwei Teilen bestehen. Der erste Teil besteht aus einer Röhre, die mit Kork oder einem ähnlichen Material gefüllt wird und an der sich eine aus Lehm geformte Brutkammer anschließt. In dem Lehm wird eine Heizschlange eingebaut, die durch ein Thermostat gesteuert für eine gleich bleibende Temperatur von 30 °C im Innern der Brutkammer sorgt.
So ist Hartmut Mayer aus Schlossberg die Orangeköpfchen-Nachzucht auch schon in normalen Wellensittich-Nistkästen geglückt, der seinen Vögeln dann aber eine hohe Zimmertemperatur und eine enorme Luftfeuchtigkeit anbieten musste. Fünf Jungvögel wurden auf diese Weise aus einem einzigen Gelege selbstständig.
2006 berichtet der deutsche Agaporniden-Experte Eckhard Lietzow über seine bisherigen Nachzuchterfolge bei den Orangeköpfchen. Er bot seinen Vögeln Nistkästen an, die mit senkrecht stehenden Korkplatten gefüllt wurden. Eine thermostatgesteuerte Nistkastenheizung sorgte für eine Temperatur zwischen 23 und 25 °C während der Brut und zwischen 25 und 28 °C nach dem Schlupf der Jungvögel.

Eckhard Janssen aus Garbsen hielt seine beiden Paare in Käfigen mit einer Größe von jeweils 160 x 85 x 90 cm. Die von ihm angebotenen Nistkästen hatten die Maße 40 x 20 x 20 bis 30 cm; sie wurden von innen mit waagerecht eingebrachten Korkplatten gefüllt und an der Rückwand war eine Heizplatte angebracht. Janssen erwähnt, dass die frisch geschlüpften Orangeköpfchen bis zur Ausbildung des ersten Deckgefieders völlig nackt sind.
Eine Erwärmung des Nistkasteninneren wird inzwischen als unbedingt erforderlich angesehen, da manche Weibchen tagsüber bereits nach fünf bis acht Lebenstagen das Hudern der Jungvögel einstellen. Zurückzuführen ist dies auf die Gegebenheiten in der Natur, wo die hohen und etwa gleich bleibenden Innentemperatu-

Ein Paar Orangeköpfchen, links das Männchen, rechts das Weibchen.

ren von etwa 30 °C in den Termitenhügeln ein Hudern des Nachwuchses nicht unbedingt erforderlich machen.
Insgesamt gibt es bei den wenigen Besitzern dieser Vögel auch nur wenige Zuchterfolge. Innerhalb des EPPAS-Projektes haben es von den vier gemeldeten Züchtern in der Vergangenheit drei Teilnehmer geschafft, Jungvögel erfolgreich aufzuziehen.

Haltung und Zucht des Orangeköpfchens

Leider konnte der Verfasser bislang keine eigenen Erfahrungen mit Orangeköpfchen machen. So soll aus diesem Grund auf Mitteilungen von Züchtern dieser Art zurückgegriffen werden, die auch Teilnehmer des EPPAS-Projektes sind und freundlicherweise einige Daten ihrer Aufzeichnungen zur Verfügung stellten.

Die Haltung von Orangeköpfchen bereitete kurz nach der Ersteinfuhr einige Schwierigkeiten; die Art galt zunächst als empfindlich, scheu, schreckhaft und wenig geeignet für eine Haltung unter hiesigen Bedingungen. Später wurden diese Papageien während der Winterzeit sogar in ungeheizten Räumen untergebracht, was aus heutiger Sicht keinesfalls zu akzeptieren ist. Die Unterbringung dieser Tiere sollte in einer ausreichend bemessenen Innenvoliere stattfinden, in der ein Paar Orangeköpfchen genug Platz findet, um sich fliegend bewegen zu können. Eine Länge von 2 m sowie eine Breite von 1 m sind auch bei dieser Haltungsvariante als Mindestmaß anzusehen.
Auch die Haltung dieser Vögel in einer kombinierten Innen-/Außenvoliere ist natürlich durchaus möglich, wenn die Orangeköpfchen jederzeit die Möglichkeit erhalten, den schützenden Innenraum aufzusuchen. Da Orangeköpfchen mitunter sehr schreckhaft sein können, ist die nächtliche Unterbringung im Schutzraum anzuraten. Während der Nacht umherstreifende Säugetiere oder auch Eulen können diese Papageien ansonsten in Schrecken versetzten und zur Panik veranlassen, was wiederum Verletzungen der Orangeköpfchen zur Folge haben könnte. Um derartigen Schrecksituationen im Innenraum vorzubeugen, empfiehlt sich die Installation einer Notbeleuchtung, die den Vögeln die Orientierung während der Dunkelheit ermöglicht. Während der kalten Jahreszeit sollte die Temperatur in der Innenvoliere nicht unter 15 °C fallen.

Peter Lissberg, ein Züchter aus der Schweiz, bekam im Jahr 2011 zunächst ein Paar Orangeköpfchen und ein einzelnes Weibchen von einem Bekannten. Da das Paar 2010 einen missglückten Brutversuch unternommen hatte, entschied er sich dazu, die beiden Weibchen auszutauschen. Das neu zusammengestellte Paar wurde in einer Innenvoliere mit den Maßen 2 x 1 x 2 m untergebracht. In der Unterkunft wurden Äste eines Korkenzieherhaselstrauchs und ein Nistkasten im Querformat angebracht. Der Nistkasten hatte die Maße 50 x 20 x 24 cm; er wurde im Innern mit horizontal eingebrachten Korkplatten ausgefüllt. Der Boden dieses Nistkastens wurde mit insgesamt 15 3,5-mm-Bohrlöchern versehen und darunter ein Luftbefeuchter angebracht. 30 cm vor dem Schlupfloch wurde eine Rotlichtlampe befestigt. Im Innern des Nistkastens konnte so eine Temperatur von 27 bis 30 °C und eine Luftfeuchtigkeit von 65 bis 70 Prozent erreicht werden. Die Haltung seiner Orangeköpfchen änderte P. Lissberg mit dem Einsetzen der ersten Brutaktivitäten wie folgt: Die Temperatur im Zuchtraum wurde bei einer Luftfeuchtigkeit von 55 bis 60 Prozent auf 24 bis 25 °C gehalten. Bereits nach zwei Wochen begann das Weibchen damit, erste Nagetätigkeiten in dem Nistkasten vorzunehmen, die allerdings nach einiger Zeit eingestellt wurden, wodurch bis dahin erst ein Gang von ungefähr 10 cm „gegraben" wurde. Etwa einen Monat lang interessierte sich das Weibchen fortan nicht mehr für den Nistkasten, bis es begann seine anfängliche Arbeit fortzusetzen. Am Ende des Ganges wurde schließlich auch eine Nistkammer angelegt.

Bereits während der Nagetätigkeit beobachtete P. Lissberg zunehmend Partnerfüttern und gegenseitige Gefiederpflege bei seinen Vögeln. Etwa drei Tage nach der Fertigstellung der Nistkammer konnte das erste Ei festgestellt werden; dem folgten im zweitägigen Legeabstand zwei weitere Eier. Das Dreiergelege erwies sich später als befruchtet. Nach einer Brutzeit von jeweils 23 Tagen schlüpften die drei jungen Orangeköpfchen, die in den ersten 20 Lebenstagen allein vom Weibchen mit reichlich Nahrung versorgt wurden. Während dieser Zeit befand sich das Weibchen stets im Kasten und verließ diesen nur, um Nahrung aufzunehmen, zu trinken und kurze Strecken zu fliegen. Nach diesen 20 Tagen war das Weibchen sehr oft außerhalb des Nistkastens anzutreffen und das Männchen begab sich von nun an ebenfalls in die Nisthöhle um ebenfalls direkt Nahrung an den Nachwuchs zu übergeben. 42 bis 46 Tage nach dem Schlupf verließen die Jungvögel den Nistkasten und wurden danach noch etwa vier Wochen von ihren Eltern mit Nahrung versorgt.

P. Lissberg beobachtete bei seinen Orangeköpfchen eine starke Bindung zwischen Elterntieren und Jungvögeln, die auch noch Wochen nach dem Erreichen der Selbstständigkeit des Nachwuchses vorhanden war. Von der oftmals beschriebenen Aggressivität der Eltern gegenüber ihren Jungvögeln war nichts zu merken, als Grund dafür vermutet P. Lissberg die Haltung seiner Tiere in einer größeren Innenvoliere. Bei Haltungen in sogenannten Zuchtboxen mit wesentlich kleineren Abmaßen kann es seiner Meinung nach durchaus zu derartiger Aggressivität kommen.

Die Fürsorglichkeit der Orangeköpfchen beschrieb auch E. Lietzow: *„Betritt jemand den Zuchtraum, werden die Jungen fast immer ‚in die Mitte' genommen. Eine übertriebene Wildheit der Jungvögel habe ich nie feststellen können."* Auch P. Lissberg beschrieb seine Orangeköpfchen als ruhig und fast schon zutrauliche Vögel, die während der Fortpflanzungszeit auch die in Abständen von drei Tagen durchgeführten Nistkastenkontrollen nicht übel nahmen.

Anmerkung

Die sichere Unterscheidung der beiden gegenwärtig anerkannten Unterarten dürfte in Privathaltungen nur möglich sein, wenn die damaligen Importvögel, als Vorfahren der derzeit gehaltenen Orangeköpfchen, zweifelsfrei einer der beiden Subspezies zugeordnet und unter dem Kriterium der Unterartzugehörigkeit miteinander verpaart wurden. Inwiefern sich Mischlingsmerkmale bei eventuell stattgefundenen Kreuzungen der beiden Unterarten äußern, vermag der Verfasser nicht zu beurteilen.
In der Gegenwart sind keine Orangeköpfchen-Importe mehr zu erwarten und es dürften sich auch nur noch ausnahmsweise Importvögel in privaten Haltungen befinden. In der Literatur wurde in den zurückliegenden Jahren hin und wieder angegeben, dass als seltene Mutationen Lutino-Orangeköpfchen in Südeuropa, aber auch in Dänemark, den Niederlanden und den USA aufgetreten sind. Unter Betrachtung der gegenwärtigen Haltungssituation sollte der Arterhalt vordergründiges Ziel der Vermehrung bei den Orangeköpfchen sein. Mutationszuchten würden insbesondere bei dieser Art zu einer weiteren Verschlechterung dieser Situation beitragen und sind demzufolge strengstens zu verurteilen. Hingegen sollten sich die wenigen erfolgreichen Züchter von Orangeköpfchen schnellstmöglich zusammenschließen, um den Fortbestand der Art durch eine koordinierte Zucht und durch einen dann zustande kommenden Erfahrungsaustausch zu sichern. Als eine Möglichkeit wäre hier wieder das EPPAS-Projekt zu nennen, in dem bereits erste Orangeköpfchen gemeldet wurden.

Taranta-Unzertrennlicher *Agapornis taranta* (Stanley, 1814)

Beschreibung

Taranta-Unzertrennliche weisen eine grüne Grundgefiederfärbung auf; die Kopf- und Halsseiten sind eher gelblich grün gefärbt und heben sich nur gering von der übrigen Gefiederfärbung ab. Die männlichen Exemplare zeigen an der Stirn und am Vorderkopf eine leuchtend rote Farbe. Rot sind auch ein schmaler Augenring sowie der Schnabel. Die Handschwingen sind schwarz gefärbt und die Flügelränder vom Bug an blauschwarz. Die Unterflügeldecken sind beim Männchen schwarzbraun. Der Schwanz ist im Gegensatz zu den anderen *Agapornis*-Arten eher schlicht gefärbt und zeigt lediglich eine schwarze Querbinde im letzten Drittel der Federspitzen, die nur noch von einer schmalen grünlichen Säumung ergänzt werden. Die Iris ist dunkelbraun gefärbt; die Füße und Krallen sind grau.
Die Weibchen der Taranta-Unzertrennlichen sind kleiner als die Männchen; die beim Männchen rot gefärbten Gefiederpar-

tien sind beim Weibchen gelblich grün und gleichen sich somit in der Farbgebung dem übrigen Kopfgefieder an. Auch der blauschwarze Flügelrand fehlt. Ein farblicher Unterschied der Weibchen zeigt sich auch auf der Flügelunterseite; diese stellt sich, einschließlich der Unterflügeldecken, in einer grüngrauen Färbung dar.
Juvenile Taranta-Unzertrennliche ähneln in ihrem Aussehen in den ersten Lebenswochen noch dem Weibchen, sind aber insgesamt matter gefärbt. Der Schnabel ist bei ihnen noch gelbbraun und besitzt eine dunkle Basisfärbung. Während der Umfärbung in das Adultgefieder im Alter von etwa drei Monaten sind die Männchen bereits anhand der ersten roten Federn zu erkennen. Mit ungefähr zehn Monaten haben die jungen Taranta-Unzertrennlichen die Umfärbung abgeschlossen.

Gesamtlänge: *16 bis 17 cm*
Gewicht: *46 bis 54 g*
Geschlechtsunterschiede: *Männchen und Weibchen sind unterschiedlich gefärbt*
Gelegegröße: *2 bis 5 Eier*
Brutdauer: *24 bis 26 Tage*
Nestlingszeit: *42 bis 49 Tage*
Gesetzesstatus: *WA II / B (von der Anzeigepflicht ausgenommen)*
Beringung: *4,5 mm-Ring (keine Beringungspflicht, eine Beringung wird jedoch empfohlen)*

Systematik

Wie auch das Grau- und Orangeköpfchen zählt der Taranta-Unzertrennliche zu den geschlechtsdimorphen und somit „ursprünglicheren" Arten. Die Tiere tragen das Nistmaterial ebenfalls im Gefieder in die Bruthöhle.

Die wissenschaftliche Erstbeschreibung des Taranta-Unzertrennlichen erfolgte im Jahr 1814 durch den englischen Naturforscher Edward Smith-Stanley (1775 – 1851) in seinem Werk *Voyage to Abyssinia*.
Eine Unterart mit dem Namen *A. taranta nanus* wurde 1931 durch Oscar Rudolph Neumann beschrieben; diese Unterart konnte sich in der zoologischen Systematik nicht halten und wird heute nicht mehr als valide Subspezies anerkannt. Die durch Neumann erwähnten Unterartmerkmale von *A. t. nanus*, die sich auf die kür-

Auch bei den Taranta-Unzertrennlichen können die Geschlechter nach dem äußeren Erscheinungsbild unterschieden werden. Hier ein männlicher Vogel.

zeren Flügelmaße und einen etwas kleineren Schnabel bezogen, liegen in der natürlichen Variationsbreite der Nominatform; diese sind demzufolge unzureichend und nicht haltbar.

Die Artbezeichnung *taranta* ergibt sich aus einer geografischen Zuordnung und wird von dem Taranta-Bergpass in Äthiopien abgeleitet.

Verbreitung und Freileben

Agapornis taranta (Stanley, 1814): Hochland von Abessinien von Zentral- und Nord-Äthiopien bis in das nördliche Eritrea.

Die Taranta-Unzertrennlichen haben von allen *Agapornis*-Arten das höchstgelegene Verbreitungsgebiet, das sich über eine Gesamtfläche von etwa 408.000 km² erstrecken soll. Das Hochland von Abessinien bildet den Lebensraum dieser Vögel; es gliedert sich in mehrere kleinere Gebirgszüge, wo sich in Höhelagen zwischen 1400 und 3800 Meter auch Waldgebiete befinden und die nächtlichen Temperaturen durchaus den Gefrierpunkt erreichen können. Die Feuchtsavanne ist in diesen Höhenlagen als Vegetationsform zu nennen, wobei die Zentren des Gebirges auch von Grasland auf den Tafelbergen und zum Teil aber auch von tropischen Regenwäldern bestimmt werden.
Die Gipfelbereiche vieler dieser Tafelberge werden durch die einheimische Bevölkerung bewässert, sodass sich hier eine üppige Vegetation entwickeln konnte und auch Ackerbau betrieben wird.
Taranta-Unzertrennliche halten sich meistens in offenen Wacholderwäldern *(Juniperus)* und Steineibenwäldern *(Podocarpus)* auf, in höheren Lagen auch in Kosobaumwäldern *(Hagenia)* als bevorzugte Habitate. Hier streifen diese Vögel in kleineren Gruppen von bis zu 20 Exemplaren umher, wobei es sich wohl meist um Familienverbände handelt. Auch in Akazien *(Acacia)* und Euphorbien *(Euphorbia)* sowie in Johanniskraut-Vegetation *(Hypericum)* wurde diese Art beobachtet.
In den Kronen der hohen Bäume finden diese Papageien ihre Nahrungsgrundlage, die sich vornehmlich aus Früchten, Samen, Beeren, Blatttrieben, Knospen und auch frischer Baumrinde zusammensetzt. Insbesondere Wacholderbeeren und die Früchte der Maulbeerfeige *(Ficus sycamorus)* zählen zur Lieblingsnahrung dieser Agaporniden.
Am frühen Morgen verlassen die Tiere ihre angestammten Schlafplätze und fliegen teilweise in Schwärmen zur Nahrungsaufnahme. Dabei ziehen sie sogar in tiefere Lagen, um dort nach Nahrung zu suchen. Nur selten waren die Taranta-Unzertrennlichen früher in der Nähe menschlicher Siedlungen anzutreffen und auch in landwirtschaftlichen Nutzflächen scheinen diese Vögel nicht einzufallen. In der Gegenwart scheint sich dieses Verhalten durch die anhaltenden Habitatverluste zu ändern, sodass dieses Art inzwischen als Brutvogel in Dörfern oder den Vorgärten kleinerer Städte auftritt.

Die Nacht verbringen die Taranta-Unzertrennlichen in Baumhöhlen, die nach der Regenzeit, mit Einsetzen der Fortpflanzungsperiode im Oktober und November, wohl auch zur Eiablage genutzt werden. An anderer Stelle wird berichtet, dass die Weibchen sich vor der Eiablage Höhlen in Bäumen oder Ästen suchen, diese zurechtnagen und dort schließlich Nistmaterial in ihrem Kleingefieder eintragen. Auch Felswände wurden bereits als mögliche Neststandorte angegeben. Als Nistmaterial finden Blatt- und Rindenteile aber auch Zweigstückchen und Grasteile Verwendung. Mit diesen Materialien wird nur der Höhlenboden ausgekleidet. Es gibt aber auch Berichte, wonach die Weibchen kurz vor der Eiablage einen Teil des Brustgefieders verlieren beziehungsweise sich dort Federn auszupfen und damit ebenfalls die Gelegeunterlage auspolstern.
Ein arttypisches Gelege besteht aus drei bis fünf Eiern. Die Bebrütung des Geleges erfolgt ausschließlich durch das Weibchen über eine Zeit von 24 bis 26 Tagen. Die Aufzuchtphase erstreckt sich über einen Zeitraum von sechs bis sieben Wochen, danach fliegen die Jungvögel zunächst aus und werden im Anschluss aber noch einige Zeit von ihren Eltern mit Nahrung versorgt. Wo die Männchen während der Fortpflanzungsperiode übernachten, ist im Freiland noch weitestgehend unerforscht.
Ende Oktober 2005 entdeckten Karin und Karl-Heinz Lambert, Rudolf K. Wagner und Eckhard Lietzow während ihrer Reise durch Äthiopien eine von einem Taranta-Weibchen besetzte Bruthöhle in 3 m Höhe. Die Tiere zeigten gegenüber diesen Fotografen wenig scheu und flüchteten selbst bei einer Entfernung von nur 5 m nicht vor dem Menschen.

Status und Bedrohung im Freiland

Populationszählungen haben bei Taranta-Unzertrennlichen in ihrem Verbreitungsgebiet zwar nie stattgefunden, aber nach Einschätzung der IUCN gilt der Bestand als stabil und die Gesamtpopulation soll gegenwärtig sogar ansteigen. Der Taranta-Unzertrennliche wird derzeit als nicht gefährdet (= least concern) eingestuft und im CITES-Anhang II gelistet. Somit ergeben sich für die Art gegenwärtig keine notwendigen Schutzmaßnahmen.

Ein Taranta-Unzertrennlicher im Alter von 27 Tagen.

Die Taranta-Unzertrennlichen bewohnen auf dem afrikanischen Kontinent eine für die Gattung *Agapornis* untypischen Lebensraum. Allein die Lebensraumvernichtung wirkt gegenwärtig auf den Gesamtbestand der Taranta-Unzertrennlichen ein, aber scheinbar erweisen sich die Vögel in dieser Hinsicht anpassungsfähiger als vermutet und stellen sich auf die neuen Gegebenheiten ein, indem sie sich mehr und mehr menschlichen Siedlungen nähern und dort beispielsweise auch in Gärten geeignete Brutstätten finden. Für den Heimvogelmarkt im Ursprungsland scheinen diese Agaporniden keine größere Relevanz zu besitzen. Bisher gibt es auch keine Hinweise auf eine Verfolgung dieser Vögel als Ernteschädling.

Ein Paar der Taranta-Unzertrennlichen, links das Männchen, rechts das Weibchen.

Status in Menschenobhut

Taranta-Unzertrennliche kamen im Jahr 1906 und somit erst verhältnismäßig spät nach Europa. Zu dieser Zeit gelangten einige Vögel nach Italien, die dann aber fast ausschließlich nach Österreich verkauft worden sind. In den 1970er-Jahren sind diese Papageien jedoch häufiger in Europa eingeführt worden und waren zeitweise keine Seltenheiten in den hiesigen Zoohandlungen. Aufgrund seiner schlichten Färbung und der zeitweisen Unverträglichkeit mit anderen Vögeln fand der Taranta-Unzertrennliche weniger Verbreitung als zum Beispiel seine farbenprächtigeren Verwandten aus der *Personatus*-Gruppe. Zwischen 1984 und 2011 kam es zu keinen offiziellen Importen von Taranta-Unzertrennlichen in die Bundesrepublik Deutschland und wahrscheinlich basieren die heutigen Bestände auf Einfuhren aus europäischen Nachbarländern oder weiter zurückliegenden Importen, über die der Verfasser leider keine Aufzeichnungen besitzt. Taranta-Unzertrennliche sind in dem oben genannten Zeitraum auch nicht, wie bei anderen *Agapornis*-Arten üblich, als Nachzuchtvögel aus Drittländern importiert worden.

In zoologischen Einrichtungen haben die Taranta-Unzertrennlichen eine sehr beschränkte Verbreitung. In der Bundesrepublik Deutschland ist es allein der Vogelpark Groß-Rohrheim, der diese Art im Bestand haben soll. Des Weiteren befinden sich Tiere dieser Art auch noch im Tiergarten Schönbrunn, Österreich, und in der Sammlung vom Loro Parque auf Teneriffa, Spanien (zootierliste.de, Stand 1.4.2013).

Nach Einschätzung der Nachzuchtstatistiken deutscher Vogelzüchtervereinigungen besitzen Taranta-Unzertrennliche ebenfalls einen geringeren Verbreitungsgrad unter der hiesigen Züchtergemeinde. So sind laut AZ-Nachzuchtstatistik für die Jahre 2000 bis 2012 insgesamt 3.373 Jungvögel erzüchtet worden. Mit diesen Angaben in der AZ-Statistik liegen die Taranta-Unzertrennlichen nur knapp hinter den Nachzuchtzahlen der etwas häufiger gehaltenen Erdbeerköpfchen oder auch Rußköpfchen. Innerhalb der VZE-Nachzuchtstatistik der Jahre 2000, 2002 und 2008 sind zusammen 57 Nachzuchttiere aufgelistet worden. Beim europäischen Erhaltungszuchtprojekt für die *Agapornis*-Spezies (EPPAS) sind von 2011 bis 2012 nur sechs junge Taranta-Unzertrennliche gemeldet worden, allerdings ist diese Art dort auch noch nicht so stark vertreten. Gegenwärtig werden Taranta-Unzertrennliche ab und zu in den Annoncenteilen der Fachzeitschriften und Internetportalen angeboten, sodass derzeit keine Engpässe für interessierte Liebhaber bestehen.

Erste Haltungserfahrungen und bisherige Bruterfolge

Taranta-Unzertrennliche sind zwar bereits seit 1814 bekannt, jedoch kamen die ersten lebenden Vögel erst knapp hundert Jahre später nach Europa. Von den wenigen im Jahr 1906 nach Italien geschafften Individuen gelangte der größte Teil nach Österreich, wo einige Jahre später auch die Welterstzucht erfolgte. Über das genaue Jahr dieses Erfolges werden in der Literatur unterschiedliche Angaben gemacht, so werden hierfür die Jahre 1909, 1910 oder auch 1911 angegeben. Jedoch soll C. Rambausek aus Wien die Welterstzucht dieser *Agapornis*-Spezies gelungen sein. 1909 kam das erste Paar Taranta-Unzertrennliche nach England. Die ersten erfolgreichen Zuchten in Deutschland werden W. Reitzig für das Jahr 1925 zugeschrieben und im gleichen Jahr konnte der englische Züchter W. Lewis ebenfalls für Nachkommen von seinen Paaren sorgen.

Wolfgang de Grahl erwähnt in seiner Papageienmonografie im Jahr 1974, dass die Taranta-Unzertrennlichen zu den nicht leicht zu züchtenden Arten gezählt werden müssen. Wer Zuchtabsichten hegt, sollte nach seinem Ratschlag gleich mehrere Paare erwerben, um gegebenenfalls die Partner bei vorhandener Disharmonie austauschen zu können.
Über erfolgreiche Bruten berichteten in der Folgezeit mehrere Züchter. Im Jahr 1987 berichtete K. Herrmann aus Großwig, dass bei einem ihm bekannten Züchter (H. Schladitz) der männliche Taranta-Unzertrennliche verstarb, während das Weibchen drei befruchtete Eier bebrütete. Das zuerst geschlüpfte Küken wurde durch das brütende Weibchen getötet und anschließend von diesem gefressen. Die restlichen beiden Eier entnahm H. Schladitz und leg-

Ein erst zwei Tage altes Jungtier in der Bruthöhle. Bemerkenswert ist die geringe Menge an Nistmaterial.

te sie einem brütenden Wellensittich-Weibchen unter; ein junger Taranta-Unzertrennlicher schlüpfte. Nun legte dieser Züchter das verbliebene Ei und den Jungvogel in einen Schwarzköpfchen-Nistkasten, in dem sich ein sehr junges Zuchtpaar gerade um die Aufzucht eines eigenen Jungvogels, der im gleichen Alter wie das untergelegte artfremde Küken war, kümmerte. Es blieb in der Folgezeit bei dem einen Taranta-Unzertrennlichen. Äußerst interessant ist in diesem Zusammenhang, dass beide Jungvögel an einem Tag gemeinsam den Nistkasten verließen. Das Taranta-Jungtier war zu diesem Zeitpunkt im Rückenbereich zwar noch nicht vollständig befiedert, was diesem Vogel aber offensichtlich nicht schadete.

1988 gab es in der DDR, nach Angaben des damaligen Sprechers der Interessengemeinschaft Agaporniden und Zwergpapageien der SZG „Ziergeflügel und Exoten", etwa 34 Zuchtpaare Taranta-Unzertrennlicher, die durchschnittlich jährlich etwa einen Jungvogel pro Paar aufzogen. Dies ist eine sehr geringe Nachzuchtquote, wobei Taranta-Unzertrenn-liche zu jener Zeit mitunter auch schon drei oder vier Jungvögel pro Brut erfolgreich aufgezogen haben sollen.

So berichtete A. Albrecht aus Bremen im Jahr 1997 auch über eine erfolgreiche Aufzucht von drei Jungvögeln. Seine Vögel hielt dieser Züchter in einem Innenraum mit daran angeschlossener Außenvoliere. Zu der bis dahin oft angemerkten Disharmonie neu zusammengestellter Paare äußert sich A. Albrecht, dass die Anpaarung anscheinend in hinreichend großen Volieren am besten gelingt, da sich die Vögel zunächst ausweichen können. Übernachten sie nach einiger Zeit dann gemeinsam in einem Nistkasten, kann von einer Harmonie ausgegangen werden.

Dieser Züchter bot seinem Paar drei verschiedene Nisthöhlentypen an; entschieden haben sich die Vögel schließlich für eine Naturstammnisthöhle mit einem Innendurchmesser von 10,8 cm, einer Höhe von 23 cm und einem Schlupflochdurchmesser von 4,2 cm. Nach seinen Angaben schlüpfen die ersten Küken nach einer Brutzeit von 25 oder 26 Tagen, wobei es in Ausnahmefällen auch zu Brutzeiten von bis zu 29 Tagen kommen kann. Da die jungen Taranta-Unzertrennlichen zunächst wie die Weibchen gefärbt sind, empfiehlt A. Albrecht einen Blick auf die Färbung der Unterflügel; dort weisen die Weibchen am Flügelrand deutlich mehr Grün auf als die gleichaltrigen Männchen.

Im Jahr 1997 berichtete auch K. Herrmann aus Großwig über seine eigenen Erfahrungen mit den Taranta-Unzertrennlichen. Er beschreibt die Brutvorbereitung dieser Vögel als „sehr heimlich" und nur das vermehrte Partnerfüttern deutet auf eine baldige Brut hin. Erfahrene Brutpaare können nach seinen Angaben auch ein zweites Mal pro Jahr zur Brut schreiten, was bei diesen Agaporniden allerdings nicht häufig vorkommt. K. Herrmann erhielt von zwei Paaren Taranta-Unzertrennlichen in dem Zeitraum von 1993 bis 1997 insgesamt 19 Jungvögel, von denen allerdings nur 15 Exemplare die Selbstständigkeit erreichten. Einmal soll bei ihm ein Geschwisterpaar aufgezogen worden sein, bei dem das junge Männchen bereits beim Ausfliegen eine rote Stirn besaß.

Der Schweizer Roger Zimmermann hielt seine Taranta-Unzertrennlichen paarweise in Käfigen. 2003 bezeichnet er die Zucht dieser Vögel als nicht leicht; bei ihm teilten sich die Geschlechter der Nachzuchten in 80 Prozent Männchen und 20 Prozent Weibchen auf.

2007 berichtete R. Schmidt aus Krischkau über seine Erfahrungen mit den Taranta-Unzertrennlichen. Auch sein Paar bekam zur Vermehrung eine Naturstammnisthöhle angeboten. Die Nestunterlage bestand nur aus einigen Federn und kleineren Rindenstücken. Eine vom Züchter eingebrachte Schicht Hobelspäne wurde größtenteils wieder entfernt. Aus einem Vierergelege kam nur ein Jungvogel zum Schlupf, der schließlich auch die Selbstständigkeit erreichte. Nicht ganz ein Jahr später wurden vom gleichen Paar aus einem befruchteten Dreiergelege drei Jungvögel problemlos aufgezogen. Dieser Bruterfolg wiederholte sich in der darauffolgenden Brutperiode nicht. Aus einem Vierergelege kamen zwar vier Jungvögel zum Schlupf, die jedoch nach und nach ohne erkennbaren Grund starben.

Ein neuerer Bericht stammt von René Wüst aus Stuttgart. Er bezeichnet die Vermehrung der Taranta-Unzertrennlichen im Jahr 2011 als nicht schwierig, aber immer noch nicht als so einfach wie bei den meisten anderen *Agapornis*-Arten. Wüst hielt zu diesem Zeitpunkt zwei Paare dieser Art, von denen ein Paar als zuverlässiges Brutpaar galt und das zweite zunächst unbefruchtete Gelege zeitigte. Nach einer Kürzung des Kloakengefieders dieses zweiten Paares legte das Weibchen drei befruchtete Eier. Wüst lässt den Nachwuchs seiner beiden Paare unter Umständen bis zu Beginn neuerlicher Brutaktivitäten bei den Eltern. Erst bei neuen Brutaktivitäten können die Eltern den Jungvögeln gegenüber aggressiv werden.

Haltungserfahrungen des Verfassers

In den Jahren von 2000 bis 2005 hatte der Verfasser selbst ein Paar Taranta-Unzertrennliche in seiner Obhut. Die Vögel wurden als Jungvögel erworben und in einer Außenvoliere mit daran angeschlossenem Schutzhaus untergebracht. Die Außenvoliere hatte die Maße 6 x 2 x 1,2 m und die Innenvoliere 2 x 2,3 x 1,2 m. Ein Drittel der Gesamtfläche von der Außenvoliere war mit durchsichtigen Doppelstegplatten überdacht und bot den Vögeln auch an verregneten Tagen die Möglichkeit, die frische Luft zu genießen.

Obwohl die Taranta-Unzertrennlichen aufgrund der Bedingungen in ihrer Heimat durchaus kühlere Temperaturen gewohnt sind, empfiehlt sich eine wenigstens frostfreie Unterbringung auch dieser Papageien. Beim Verfasser wurde die Innenvoliere stets auch während der kalten Jahreszeit auf etwa 10 °C erwärmt. Natürlich kann den Taranta-Unzertrennlichen ganzjährig der Zugang zur Außenvoliere gewährt werden, wenn sich die Vögel nach Belieben jederzeit in den Schutzraum zurückziehen können.

Es empfiehlt sich, die angehenden Zuchtpaare von Artgenossen oder auch anderen *Agapornis*-Arten getrennt unterzubringen, da es in den meisten Fällen zu Aggressionen bei einer Vergesellschaftung mehrerer zuchtreifer Taranta-Unzertrennlicher kommen wird.

Die beiden 2000 erworbenen Jungvögel zeigten im darauffolgenden Jahr erste Fortpflanzungsaktivitäten. Angeboten wurden das ganze Jahr über zwei Nisthöhlenvarianten, da Taranta-Unzertrennliche die Höhlen auch ganzjährig als Schlafstätte nutzen. So wurde ein handelsüblicher

Zwei männliche Jungvögel kurze Zeit nach Erreichen der Selbstständigkeit.

Nistkasten mit den Maßen 15 x 40 x 15 cm und eine Naturstammnisthöhle mit einem Innendurchmesser von 16 cm und einer Höhe von 25 cm angeboten. In beiden Nisthöhlen war ein Schlupfloch mit einem Durchmesser von 5,5 cm vorhanden.

Im Gegensatz zu dem oft beschriebenen heimlichen Verhalten der Taranta-Unzertrennlichen zu Beginn der Brut konnte der Verfasser durchaus beeindruckende Beobachtungen an seinen Tieren machen. Diese Art zeigt ein für Agaporniden vielfältiges Lautrepertoire, das zur Fortpflanzungszeit scheinbar noch erweitert vorgetragen wird. Eingeleitet wurde die Fortpflanzung mit dem Partnerfüttern, das nun häufiger zu beobachten war. Dies war im Jahr 2001 der Monat April. Nun hielt sich das Weibchen auch tagsüber für immer längere Zeit in der ausgesuchten Naturstammnisthöhle auf. Nur selten konnte das Weibchen dabei beobachtet werden, wie es Nistmaterial im Gefieder in das Innere der Nisthöhle befördert, und auch die täglich durchgeführten Nisthöhlenkontrollen bestätigten, dass Taranta-Unzertrennliche nur sehr wenig Material zur späteren Gelegeunterlage in die Höhle eintragen. Lediglich einige Rindenstücke und Federn befanden sich Ende Mai auf dem Höhlenboden, obwohl immer reichlich Nistmaterial in Form von Obstbaum- und Weidenzweigen sowie verschiedenen Gräsern angeboten wurde. Der Verfasser schälte aus diesem Grund zusätzlich Rinde von den bereitgestellten Obstbaum- und Weidenzweigen ab und legte diese zusätzlich in die Höhle. Das Weibchen zerbiss die Rindenteile und beließ sie schließlich in der Bruthöhle.
Im Juni 2001 änderte das Männchen auch zusehends sein Verhalten dem Weibchen gegenüber. Es war immer in der Nähe seines Weibchens, wenn dieses sich außerhalb der Nisthöhle befand. Beeindruckend war zu beobachten, wie das Männchen auf dem Sitzast von der einen auf die andere Seite des Weibchens flog. Zwischenzeitlich drehte sich das Männchen vor dem Weibchen auf dem Ast und gab dabei angenehme Laute von sich. Ende Mai 2001 war das Weibchen immer seltener außerhalb der Nisthöhle zu beobachten; jetzt zeigte sich allerdings bereits der Legebauch und deutete somit auf die baldige Eiablage hin. Am 1. Juni 2001 konnte schließlich das erste Ei bei einer Nisthöhlenkontrolle festgestellt werden; diesem folgten in zweitägigem Abstand noch drei weitere Eier. Das Weibchen brütete sehr zuverlässig und ließ sich auch durch die weiterhin täglich durchgeführten Kontrollen nicht stören und konnte teilweise zur Seite geschoben werden, ohne in Panik zu geraten.
Nach einer Brutzeit von 14 Tagen wurden die vier Eier durchleuchtet; das gesamte Gelege erwies sich als befruchtet. Nach einer Brutzeit von 24 Tagen schlüpften die jungen Taranta-Unzertrennlichen ohne Probleme. Die jungen Papageien sind mit weißlich grauen Dunen gegen die Kälte geschützt, wahrscheinlich basiert dies auf den mitunter kalten Temperaturen in der afrikanischen Heimat dieser Vögel, wo zur Nacht auch Minusgrade erreicht werden können.

Im Alter von etwa 14 Tagen konnten die jungen Taranta-Unzertrennlichen mit einem geschlossenen 4,5 mm-Fußring gekennzeichnet werden. In diesem Alter haben sich dann auch bereits die Augen der Jungvögel geöffnet. Taranta-Unzertrennliche entwickeln sich im Verhältnis zu den anderen *Agapornis*-Arten langsamer. Erst mit etwa vier Wochen ist das Federkleid der Jungvögel vollständig entwickelt und mit ungefähr 47 Tagen verlassen sie schließlich erstmals die bis dahin schützende Nisthöhle. Die ersten Flugversuche gelingen erstaunlich gut und unsanfte Landungen sind nur äußerst selten bei den Jungvögeln zu beobachten. Die Nächte verbringt der Nachwuchs wieder in der Nisthöhle.

Die vier Jungvögel des Verfassers entwickelten sich während ihrer Wachstumsphase gut und konnten noch einige Monate bei den Elterntieren belassen werden, da diese zunächst keine Anstalten für eine neuerliche Brut machten. Beim Verfasser konnte jeweils nur eine Brut pro Jahr registriert werden, die nicht immer so erfolgreich waren wie die im Jahr 2001. So waren 2002 von einem Dreiergelege nur zwei Eier befruchtet, von denen allerdings auch nur ein Küken schlüpfte und erfolgreich aufgezogen wurde. 2003 wurde ebenfalls wieder ein Dreiergelege gezeitigt, alle drei Eier waren befruchtet und zwei Jungvögel wurden aufgezogen. Im darauffolgenden Jahr konnte zunächst ein Vierergelege registriert werden, das nach einer Brutzeit von etwa 14 Tagen aus unerklärlichen Gründen von dem Weibchen verlassen wurde. Etwa eineinhalb Monate später kam es im gleichen Jahr jedoch zu einem Nachgelege; aus drei Eiern schlüpften drei Jungvögel, die auch die Selbstständigkeit erreichten. 2005 wurden schließlich zwei Jungvögel aus einem Vierergelege erfolgreich aufgezogen; zwei Eier davon erwiesen sich als unbefruchtet. Im Jahr 2013 schaffte der Verfasser sich wieder ein Paar Taranta-Unzertrennliche an, die Anfang April in einer Außenvoliere untergebracht wurden. Es handelt sich um zwei- beziehungsweise dreijährige Vögel, bei denen bereits einen Tag später erste Kopulationen beobachtet werden konnten.

Anmerkung

Taranta-Unzertrennliche weisen einige Vorzüge auf, die ihre Haltung durchaus empfehlenswert erscheinen lassen. So sind das ruhige Wesen und die angenehme Stimme dieser Vögel für dicht besiedelte Wohngegenden sicherlich ein Vorteil. Auch ihre relative Unempfindlichkeit gegenüber kalten Temperaturen wurde in der Vergangenheit von verschiedenen Autoren als sehr positiv bewertet. Als nachteilig wurden hingegen die Unverträglichkeit dieser Vögel mit Artgenossen oder auch anderen Vögeln erwähnt und die mitunter geringen Vermehrungserfolge. Gerade aus der zuletzt genannten Tatsache ergeben sich einige Grundsätze, die bei der weiteren Zucht dieser Vögel zu beachten sind.

Die noch in menschlicher Obhut vorhandenen Taranta-Unzertrennlichen müssen zukünftig unbedingt kontrolliert vermehrt

werden, um auch Jahrzehnte später noch Individuen mit einer größtmöglichen genetischen Variabilität außerhalb der Wildpopulation vorfinden zu können. Hierbei ist die gezielte Vermehrung von mutierten Exemplaren keinesfalls förderlich. Anfang der 1990er-Jahre sind in den Niederlanden bei den Taranta-Unzertrennlichen die ersten dunkelfaktorigen Vögel dieser Art aufgetreten. Hierbei handelt es sich allerdings noch nicht um eine Farbveränderung im eigentlichen Sinn, sondern um eine Strukturveränderung in der Feder, welche den grünen Vogel für das menschliche Auge dunkler erscheinen lässt.
Weiterhin sind ab dem Jahr 1999 mehrere Lutino-Vögel von einem deutschen Züchter gezüchtet worden und in den Niederlanden ist die sogenannte „Misty"-Mutation entstanden, die etwas heller als die wildfarbigen Taranta-Unzertrennlichen ist.
Dann ist in Mutationszüchterkreisen hin und wieder noch von „Bronzefalben" und „Palefalben" die Rede.
Unabhängig davon, ob es sich bei diesen Zuchtformen um Strukturveränderungen der Feder, um Farbmutationen oder auch um Modifikationen handelt – die weitere Vermehrung derartiger Vögel ist keinesfalls von Vorteil für den Bestand rein wildfarbener Taranta-Unzertrennlicher, denn auch hier tragen unerkannt bleibende spalterbige Tiere zu einer stetigen Verschlechterung der Situation und keinesfalls zum Arterhalt bei.

Grünköpfchen
Agapornis swindernianus
(Kuhl, 1820)

Beschreibung

Das Grünköpfchen weist eine grasgrüne Grundgefiederfärbung vor, die in ihrer Intensität an verschiedenen Gefiederbereichen unterschiedlich ausfällt. Die Färbung an der Stirn, dem Scheitel und dem Hinterkopf bis hin zum schwarzen Genickband ist grasgrün. Unter dem schwarzen Genickband schließt sich in Richtung Rücken ein rötlich oranger Gefiederbereich an, der sich bei der Nominatform auch bis auf den Vorderhalsbereich ausdehnt, aber in seiner Ausdehnung stets etwas variieren kann. Der Bereich der Wangen, des Kinns und der oberen Brust sind etwas heller grasgrün gefärbt. Dunkler wird die grasgrüne Färbung dann wieder im Brust- und Bauchbereich. Die Oberflügeldecken, die

Gesamtlänge: *13 bis 14 cm*
Gewicht: *39 bis 41 g*
Geschlechtsunterschiede: *Männchen und Weibchen sind gleich gefärbt*
Gelegegröße: *unbekannt*
Brutdauer: *unbekannt*
Nestlingszeit: *unbekannt*
Gesetzesstatus: *WA II / B (Meldepflicht und Herkunftsnachweis)*
Beringung: *4,0 mm-Ring (keine Beringungspflicht, eine Beringung wird jedoch empfohlen)*

Unterflügeldecken und auch der obere Rücken sind grünbräunlich gefärbt. Die Handschwingen sind schwarz und weisen dunklere grasgrüne Außenfahnen auf. Äußerst kontrastreich sticht die kräftig ultramarinblaue Färbung des Bürzels und der Oberschwanzdecken von dem übrigen Gefieder ab. Heller grasgrün sind hingegen wieder die Unterschwanzdecken. Die mittleren Schwanzfedern besitzen eine schwarze Basis und breite grasgrüne Enden. Die übrigen Schwanzfedern sind an der Basis orangerot gefärbt, dem sich ein schwarzes Band anschließt, das schließlich in eine dunkle grasgrüne Färbung der Spitzen übergeht.

Der Oberschnabel ist dunkelgrau und besitzt eine schwarze Basisfärbung; der Unterschnabel ist ebenfalls dunkelgrau gefärbt. Die Iris ist beim Grünköpfchen orangerot gefärbt, die Füße und Krallen sind grau.

Die Weibchen der Grünköpfchen sind genauso gefärbt wie die Männchen.

Zum Aussehen juveniler Grünköpfchen fehlen bislang Angaben in der Literatur oder sonstigen Überlieferungen aus Freilandbeobachtungen.

Systematik

Beim Grünköpfchen handelt es sich um eine spezielle Art innerhalb der Gattung *Agapornis,* die sich wahrscheinlich in ihrer Entwicklung früh von den anderen Spezi-

Einige Bälge des Grünköpfchens aus der Sammlung des Zoologischen Museums Berlin. Es handelt sich um Angehörige der Unterart A. s. zenkeri; *rechts das Typus-Exemplar, nach dem diese Unterart beschrieben worden ist.*

es abgespalten hat. Die besonderen Ansprüche dieser Vögel an ihre Nahrung, ihre Brutbiologie und auch Lebensweise unterscheiden sich in Teilbereichen deutlich von den anderen Arten. Vermutlich tragen Grünköpfchen das Nistmaterial auch im Gefieder in ihre Brutstätten, wobei hierzu in freier Wildbahn bislang keinerlei Beobachtungen gemacht werden konnten.

Neben der Nominatform ***A. swindernianus swindernianus*** werden noch zwei weitere Unterarten unterschieden.
Die Unterart ***A. swindernianus zenkeri*** unterscheidet sich von der Nominatform durch eine dunkler orangerote Färbung unterhalb des schwarzen Nackenbandes, die sich bis auf die Oberbrust erstreckt und dort in die in diesem Bereich typische grünliche Farbe übergeht. Im Rückenbereich variiert die orangerote Farbe in ihrer Ausdehnung und auch Intensität.
Die Unterart ***A. swindernianus emini*** zeigt nicht bei jedem Exemplar immer auch eindeutige Unterscheidungsmerkmale zu *A. s. swindernianus*, sodass die Existenz dieser Subspezies aufgrund der fehlenden eindeutigen Differenzierungsmerkmale von einigen Systematikern in der Vergangenheit angezweifelt wurde.
Dirk van den Abeele veröffentlichte im Jahr 2009 einen Bericht über seine Untersuchungen an Grünköpfchen-Bälgen in einigen europäischen Museen. Er kommt zu dem Schluss, dass *A. s. emini* durchaus eine Existenzberechtigung besitzt und bezieht sich zunächst auf ältere Literaturquellen, aus denen hervorgeht, dass die orangerote Färbung im Rückenbereich bei *A. s. emini* schmaler als bei den anderen beiden Unterarten und auch nicht bis in den Brustbereich hineinreicht. Auch die Farbe des Bürzels sowie der Oberschwanzdecken ist bei *A. s. emini* intensiver purpurfarben. Als eigene Feststellung gibt Dirk van den Abeele an, dass die Distanz zwischen den Enden der längsten Armschwinge und der längsten Handschwinge bei *A. s. zenkeri* (28 bis 38 mm) größer und bei *A. s. emini* (23 bis 28 mm) geringer ausfällt.
Leider fehlen in dieser Veröffentlichung Angaben zu der Anzahl der vermessenen Bälge. Weitere Untersuchungen in diese Richtung wären sicherlich wünschenswert, um diese Feststellung zu untermauern.

Die wissenschaftliche Erstbeschreibung der Nominatform *A. s. swindernianus* erfolgte durch den deutschen Zoologen Heinrich Kuhl (1797 – 1821) im Jahr 1820 in der Schrift *Nova Acta Academia Caesarea Leopoldino-Carolina Germanica Naturae Curisorum 10* auf der Seite 62. Kuhl beschrieb diese Spezies nach einem Sammlungsstück der Kollektion Laugier in Paris.

Die zweite Unterart *A. s. zenkeri* erhielt seine wissenschaftliche Beschreibung im Jahr 1895 durch Anton Reichenow (1847 – 1941). Der berühmte deutsche Ornithologe veröffentlichte die Erstbeschreibung auf der Seite 112 der Ornithologischen Monatsberichte, deren Herausgeber er auch gleichzeitig war.

Die Unterart *A. s. emini* wurde durch Oscar Neumann 1908 in die Wissenschaft eingeführt. Neumann veröffentlichte die Erstbeschreibung dieser Subspezies auf der Seite 42 des 1908 erschienenden *Bulletin of the British Ornithologists' Club.*

Der Artname *swindernianus* wurde durch Heinrich Kuhl zu Ehren seines Lehrers, Prof. Theodor van Swinderen von der Universität Groningen, ausgewählt. Auch die beiden anderen Unterarten erhielten ihre Namensgebung nach bekannten Persönlichkeiten jener Zeit – *A. s. zenkeri* demzufolge zu Ehren des deutschen Botanikers Georg A. Zenker und *A. s. emini,* um den berühmten Afrikareisenden Emin Pascha zu ehren.

Verbreitung und Freileben

Agapornis swindernianus swindernianus (Kuhl, 1820): Fragmentierte Vorkommen in Liberia, Elfenbeinküste und Ghana. Vorkommen der Nominatform in der Elfenbeinküste sind gegenwärtig bereits fraglich.
Agapornis swindernianus zenkeri (Reichenow, 1895): Von Nordwesten der Demokratischen Republik Kongo über den südwestlichen Teil der Zentralafrikanischen Republik, dem nördlichen Kongo und nordöstlichen Gabun bis nach Südost-Kamerun.
Agapornis swindernianus emini (Neumann, 1908): Östlicher Bereich der Demokratischen Republik Kongo bis zum westlichen Uganda.

Das Verbreitungsgebiet des Grünköpfchens erstreckt sich über die noch bewaldeten Gebiete des zentralen und westlichen Afrikas in Höhenlagen von 700 bis 1200 Meter, in denen Feigenbäume vorzufinden sind, über ein Areal von ungefähr 1.490.000 km^2. Meist sind dies Sekundär-, Regen- oder auch die an den Flussläufen gelegenen Galeriewälder. Nur wenig ist bislang über die Ökologie dieser Art in Erfahrung gebracht worden. Selbst bis in die 1870er-Jahre ist den damaligen Wissenschaftlern nichts über das Freileben bekannt gewesen. Man überlegte zu jener Zeit sogar noch, wo sich die Heimat des Grünköpfchens befinden könnte.

Aus den Überlieferungen eines Afrikareisenden namens Schweizer ist zu entnehmen, dass das Grünköpfchen 1876 von ihm in Liberia gesehen wurde. Dort sollen sich zehn bis zwölf Exemplare in Obstbäumen und Ölpalmen aufgehalten haben. Insgesamt ist die Art von Schweizer als nicht häufig vorkommend bezeichnet worden. Durch ihn wurden insgesamt zehn Grünköpfchen erlegt, die später an naturhistorische Sammlungen abgegeben worden sind. Die ursprünglichen Verbreitungsgebiete in Liberia sind bedroht. René Wüst erhielt von Dr. Wulf Gatter die Mitteilung, dass im Tai-Nationalpark in der Elfenbeinküste zuletzt 2005 Grünköpfchen gesichtet wurden.
Aber auch in der neueren Zeit fehlen weitestgehend verlässliche Angaben über die Lebensweise dieser Vögel. Man weiß, dass Grünköpfchen in etwa fünf isolierten Po-

pulationen vorkommen. Zusammenhängende Gebiete besiedeln die Unterarten *A. s. zenkeri* und *A. s. emini;* das Verbreitungsgebiet der Nominatform hingegen ist fragmentiert und spaltet sich auf die wenig verbliebenen Waldgebiete Westafrikas auf. Inwieweit ein Kontakt unter den dort existierenden Populationen stattfindet, ist derzeit noch unbekannt.

In ihren jeweiligen Verbreitungsgebieten kommen die Grünköpfchen in kleinen Gruppen von fünf bis 15 Individuen ausnahmslos in geschlossenen Waldgebieten mit Feigenbestand vor. Hier halten sie sich zum wohl größten Teil des Tages in den Kronen der Bäume auf und sind deshalb von Beobachtern nur schwer auszumachen. In den Bäumen finden diese Vögel auch ihre Nahrung, die sich vornehmlich aus wilden Feigen zusammensetzt.
Diesen Hinweis ergaben Magenuntersuchungen bei erlegten Grünköpfchen. In den Mägen dieser Tiere wurden vor allem die Samen von Feigen gefunden. Außerdem werden von diesen Vögeln auch die schwarzen Früchte des Schlangenholzes *(Rauwolfia)*, die Fruchtstände vom Haronga- *(Harungara)* und Makaranga-Baum *(Macaranga)* sowie verschiedene Arten Beeren aufgenommen. Nachgewiesen wurde aber auch, dass Grünköpfchen von dem Fruchtfleisch der Ölpalme *(Elaeis guineensis)* fressen und die roten Blüten vom Afrikanischen Tulpenbaum *(Spathodea campanulata)* zu sich nehmen sowie Reis, Mais, Sesam und Insektenlarven. Dem Etikett eines Sammlungsstücks aus dem Naturhistorischen Museum in Berlin ist zu entnehmen, dass die Grünköpfchen von Grassamen und verschiedenen Körnerfrüchten leben sollen.
Der Tagesablauf dieser Papageien spielt sich hauptsächlich in den Baumkronen ab, wo die Grünköpfchen sogar angesammeltes Wasser aus den Baumtrichtern aufnehmen, um ihren Durst zu löschen.

Ob es bei den Grünköpfchen zu einer jahreszeitlich bedingten Fortpflanzungsperiode kommt, ist bislang nicht bekannt. In Gabun sollen im Januar und Februar Jungvögel beobachtet worden sein. Lediglich ein Einzelnachweis aus dem Monat Juli liegt aus dem nördlichen Kongobecken vor und wurde 1939 durch James Paul Chapin in seinem Werk *Birds of Belgian Congo* bekannt gemacht. Chapin war es auch, der die Art während seiner Expedition zu Gesicht bekam. Allerdings konnte er diese Vögel auch nur vereinzelt an den Waldrändern wahrnehmen, wo sie in kleinen Gruppen von bis zu 15 Individuen gesichtet werden konnten. In den Baumkronen, wo sich diese Papageien hauptsächlich aufhalten, ist ein Beobachten nahezu unmöglich. Über die Nutzung von Baumhöhlen als Brutstätte wurde bei den Grünköpfchen vereinzelt berichtet, man nimmt aber an, dass diese Papageien sich die Bauten von Baumtermiten für das Brutgeschäft zunutze machen.
Im März/April 2007 reiste René Wüst nach Uganda, um dort nach *A. s. zenkeri* zu suchen. Anfang April beobachtete er ein Paar mit vier Jungvögeln und ein weiteres Paar

mit einem Jungvogel kurzzeitig in einem Muhimbi-Baum *(Cynometra alexandri)*. Eine Woche später wurde ein weiteres Paar mit zwei Jungvögeln kurz in einem Seidenbaum *(Albizia sp.)* gesichtet. Er beschreibt die Fluchtdistanz dieser Vögel als groß. Im Oktober 2009 gelang es dem deutschen Fotografen Karl-Heinz Lambert im Kakum-Nationalpark, Ghana, drei Grünköpfchen für kurze Zeit zu beobachten.

Status und Bedrohung im Freiland

Bislang sind keine Bestandszählungen beim Grünköpfchen durchgeführt worden. Aufgrund der zurückgezogenen Lebensweise erscheint eine solche auch mit großen Schwierigkeiten verbunden zu sein. Nach Einschätzung der IUCN gilt die Population dieser Spezies als stabil. In Gabun soll das Grünköpfchen derzeit noch ein häufig vorkommender Vogel und in anderen Teilen des Verbreitungsgebietes hingegen selten anzutreffen sein. Das Grünköpfchen wird laut aktueller Liste der IUCN als nicht gefährdet (= least concern) eingestuft und im CITES-Anhang II gelistet. Somit unterliegt diese Art gegenwärtig keinen besonderen Schutzmaßnahmen in ihrer Heimat.

Als einzige Gefahr für das Grünköpfchen kommt die Lebensraumzerstörung in Betracht. In den vergangenen Jahrzehnten hatte die Holzgewinnung in den westafrikanischen Ländern Liberia, Elfenbeinküste und Ghana für eine deutliche Abnahme der Habitate dieser Vögel gesorgt. Dies wirkte sich ohne Zweifel negativ auf die Bestandszahlen beim Grünköpfchen aus. So wird derzeit sogar vermutet, dass diese Art in der Elfenbeinküste bereits ausgestorben ist.

Für den Heimvogelmarkt hat das Grünköpfchen keinerlei Bedeutung. Frühere Versuche, diese Tiere für längere Zeit am Leben zu erhalten, scheiterten nach wenigen Tagen sogar in Afrika. Seit der Entdeckung des Grünköpfchens ist nicht bekannt geworden, dass jemals lebende Exemplare dieser Art außerhalb von Afrika gehalten wurden.

Status in Menschenobhut

Grünköpfchen sind lediglich bei einigen Haltungsversuchen in ihren Heimatgebieten für einige Tage am Leben geblieben. Der belgische Missionar Jozef Hutsbout bot seinen in den 1940er-Jahren gefangenen Grünköpfchen dort eine Mischung von Hirse und wilden Feigen an. Grassamen und auch die Hirse wurde von diesen Vögeln nicht aufgenommen. Bei allen Versuchen starben die Grünköpfchen innerhalb von drei bis vier Tagen, wenn sie keine Feigen mehr erhielten. Aber auch trotz der Ernährung mit Feigen konnte keiner dieser Versuche mit einer längeren Haltung der Grünköpfchen erfolgreich abgeschlossen werden. Alle gefangenen Exemplare starben schließlich.

Anmerkung

Das Grünköpfchen wird aufgrund seiner sehr speziellen Nahrungsanforderung auch zukünftig keine Relevanz für eine Haltung in Menschenobhut besitzen. Das Hauptinteresse muss darum allein auf den Erhalt der natürlichen Habitate dieser Art ausgerichtet werden, um den Bestand des Grünköpfchens auch noch über lange Zeit zu sichern.

Rosenköpfchen *Agapornis roseicollis* (Vieillot, 1818)

Gesamtlänge: *15 bis16 cm*
Gewicht: *44 bis 52 g*
Geschlechtsunterschiede: *Männchen und Weibchen sind gleich gefärbt*
Gelegegröße: *3 bis 7 Eier*
Brutdauer: *22 bis 23 Tage*
Nestlingszeit: *32 bis 38 Tage*
Gesetzesstatus: *WA II / B (von der Anzeigepflicht ausgenommen)*
Beringung: *4,5 mm-Ring (keine Beringungspflicht, eine Beringung wird jedoch empfohlen)*

Beschreibung

Rosenköpfchen besitzen eine grüne Grundgefiederfärbung. Die Stirn, die Zügel und der Oberkopf weisen eine kräftig rote Farbgebung auf, die an den Wangen, dem Kinn und der Kehle bis hin zur Oberbrust in eine tiefrosafarbene Färbung übergehen. Diese Maskenzeichnung ist ursächlich für die deutsche Namensgebung dieser Vögel. Der Bürzel und die Oberschwanzdecken sind blau gefärbt. Die Flügeloberseite ist etwas dunkler grün als das Grundgefieder und die Unterflügeldecken weisen ebenfalls eine grüne Farbe auf. Die Handschwingen besitzen schwarzbraune Außenfahnen. Die Schwanzunterseite ist bläulich. Auf der Oberseite sind die mittleren Schwanzfedern grün und beisitzen eine etwas verwaschene hellblaue Spitze. Die übrigen Schwanzfedern haben eine rote Basis, woran sich ein schwarzes Band sowie ein schmaler grüner Rand anschließt, der wiederum in eine ebenfalls hellblaue Spitze übergeht.

Der Schnabel ist beim Rosenköpfchen gelblich hornfarben. Die Iris ist dunkelbraun; die Füße sind grau und Krallen dunkelgrau. Beim Rosenköpfchen liegt kein Geschlechtsdimorphismus vor: Männchen und Weibchen sind gleich gefärbt. Jungvögel sind bei dieser Spezies anhand ihrer blasseren Färbung leicht zu identifizieren; vor allem die rötlichen Farben des Kopfes sind lange nicht so kräftig wie die der Altvögel. Der Schnabel noch junger Rosenköpfchen besitzt eine dunkle Basis.

Systematik

Das Rosenköpfchen scheint innerhalb der Gattung *Agapornis* ein Verbindungsglied zwischen den sozialen, nicht geschlechtsdimorphen Arten mit den weißen Augenringen und den vier nördlicher verbreiteten Arten darzustellen, die wiederum geschlechtsdimorph sind und ihr Nistmaterial im Gefieder in die Brutstätte transportieren.

Auch Rosenköpfchen besitzen eine artspezifische Schwanzfärbung

Neben der Nominatform ***A. roseicollis roseicollis*** wird noch eine weitere Unterart unterschieden. ***A. roseicollis catumbella*** ist anhand einiger Färbungsmerkmale von der Nominatform zu unterscheiden. So sind die rötliche Gefiederfärbung und auch das grüne Grundgefieder kräftiger gefärbt; die Bürzelfarbe geht mehr ins Grünbläuliche.

Die Erstbeschreibung des Rosenköpfchens erfolge im Jahr 1818 durch den französischen Ornithologen Louis Jean Pierre Vieillot (1748 – 1831). Der wissenschaftliche Bericht dazu erschien in *Nouveau Dictionnaire d'Histoire Naturelle Appliquée aux Arts* auf der Seite 377.

Die Unterart *A. r. catumbella* fand im Jahr 1952 durch Frau B. P. Hall Einzug in die systematische Zoologie. Im *Bulletin of the British Ornithologists' Club* auf der Seite 25 erfolgte in jenem Jahr die Erstbeschreibung. Etwa hundert Jahre zuvor ist den Wissenschaftlern diese Unterart aber bereits aufgefallen. So soll sich ein von Joachim John Monteiro gesammeltes Tier bereits vor 1868 durch eine andere Färbung ausgezeichnet haben. Finsch schreibt darüber nach der Beschreibung der Nominatform: *„Ein Exemplar ad. von Angola (Collection Monteiro) ganz übereinstimmend, aber die Färbung der Oberseite mehr grasgrün, das Roth am Vorderkopfe ist lebhafter und* *zieht sich verwaschen bis auf den Kropf. Schnabel blass horngelb, etwas grünlich verwaschen."*

Roseicollis als Artname ist zurückzuführen auf die beiden lateinischen Worte „roseus" und „collum", die mit den deutschen Worten „rosenfarbig" und „Hals" übersetzt werden können und wiederum auf die besondere Färbung dieser Vögel hindeuten. Die Unterartbezeichnung *catumbella* bezieht sich auf die angolanische Ortschaft Catumbela nahe der Mündung des gleichnamigen Flusses.

Verbreitung und Freileben

Agapornis roseicollis roseicollis (Vieillot, 1818): Südwest-Angola bis zum Oranje-Fluss in Namibia und von dort über die nördliche Kap-Provinz in Südafrika bis zum Ngami-See in Botswana.
Agapornis roseicollis catumbella (Hall, 1952): Vom zentralen Westangola bis Südwest-Angola.

Auch im Okavango-Delta und in der südafrikanischen Provinz Lesotho sind Rosenköpfchen gesichtet worden.
Ob es sich dabei um eine von der Nominatform abgespaltene Population handelt, die Rosenköpfchen eventuell auch Wanderungen bis in diese Regionen unternehmen oder das Verbreitungsgebiet dieser Unterart vielleicht sogar bis in diese Gegend reicht, ist derzeit noch ungeklärt. Die Verbreitungsgebiete der beiden Unterarten *A. r. roseicollis* und *A. r. catumbella* treffen im südwestlichen Angola aufeinander. Die Gesamtgröße des Verbreitungsgebietes wird von BirdLife International mit etwa 469.000 km² angegeben. Insbesondere für die Überlappungszone ist anzunehmen, dass sich die Individuen beider Subspezies dort miteinander paaren. Hierdurch könnten in diesem Gebiet durchaus Unterartmischlinge existieren, über die bislang von offizieller Seite nicht berichtet worden ist.
Relativ lange wusste man sehr wenig über diese Papageienart zu berichten und erst durch die Forschungsarbeiten von Henry

Wirklich wildfarbene Rosenköpfchen zählen in Menschenobhut zu den Raritäten.

Ndithia, Mike Perrin und Matthias Waltert, die 2006 und 2007 in diversen Fachzeitschriften publiziert wurden, rückte die Ökologie dieser Vögel mehr in das Interesse der Öffentlichkeit. Die Wissenschaftler erforschten 2004 die Rosenköpfchen in Namibia, dort in den Distrikten Claratal (etwa 35 km südwestlich von Windhoek) und Hohewarte (etwa 35 km südöstlich von Windhoek).

Das Rosenköpfchen kommt innerhalb seines Verbreitungsgebietes zumeist in den offenen mit Gräsern sowie einzelnen Büschen bestandenen Dornenbusch- und Trockensavannen vor. Es werden von ihnen Höhen bis 1800 Meter aufgesucht. Am häufigsten trifft man diese Agaporniden jedoch in Nähe von natürlichen Gewässern oder auch Tränken an. Es wird angenommen, dass Rosenköpfchen auf der Suche nach Wasser, insbesondere während der trockenen Wintermonate, ein nomadenhaftes Verhalten zeigen. Neben den beiden Savannentypen wird aber auch Akazienwald aufgesucht und die Vögel sind in menschlichen Siedlungsgebieten anzutreffen.
Nach Rudolf K. Wagner gibt es drei sehr unterschiedliche Siedlungsräume, in denen die Rosenköpfchen auch jeweils andere Nistgewohnheiten zeigen. Diese Siedlungsräume sind die Lebensräume der Makalani-Palmen *(Hyphaene petersiana)*, Felsspalten an Bergabbrüchen entlang von Flussläufen und die Trockengebiete, in denen die Nester der Siedelweber für die Brut genutzt werden. In diesen Habitaten streifen Rosenköpfchen in Gruppen von fünf bis 30 Tieren umher. Sie sind dämmerungsaktiv und es handelt sich bei ihnen um ausgesprochen sozial lebende Vögel, die nicht selten auch in Gesellschaft mit anderen Vogelarten anzutreffen sind.
Fressen, Trinken und Schlafen sind die Hauptaktivitäten der Rosenköpfchen während des Tages. Über die Schlafgewohnheiten der Rosenköpfchen gibt es unterschiedliche Mitteilungen. Matthias Schiffmann konnte in der Nähe der Epupa-Wasserfälle im nördlichen Namibia einen Schlafbaum ausmachen. In einer großen Akazie versammelten sich 60 bis 80 Rosenköpfchen zur Nachtruhe. Die Vögel verbringen die Nacht aber auch in ihren Nestern, deren Nähe sie am frühen Morgen nicht sofort zur Nahrungsaufnahme verlassen. Zunächst ordnen diese Papageien für einen Zeitraum von ungefähr 30 Minuten ihr Gefieder, bevor sie sich auf die Suche nach Nahrung machen. Das Fressen und Trinken erfolgt in den Morgen- bis frühen Vormittagsstunden, denen sich eine Ruhephase anschließt und gegen 16.00 Uhr eine nochmalige Nahrungsaufnahme. Feste Zeiten zur Wasseraufnahme scheint es bei den Rosenköpfchen nicht zu geben.

Als Nahrung werden von den Rosenköpfchen insbesondere die Samen der zu den Süßgräsern zählenden *Anthephora schinzii* geschätzt; manchmal legen die Vögel sogar größere Distanzen zurück, um an genau diese Grassamen zu gelangen. Aber auch andere Saaten wie die von Akazien und Getreidesamen von kultivierten An-

bauflächen nehmen diese Agaporniden gelegentlich zu sich.
So teilte Dirk van den Abeele aus seinen Beobachtungen während eines Namibia-Aufenthalts im Jahr 2009 mit, dass Rosenköpfchen von den Samen einer Borstenhirseart *(Setaria verticillata)* fraßen. Von anderen Quellen wird berichtet, dass Blattteile verschiedener Pflanzen ebenfalls Beachtung finden. Rosenköpfchen wurden auch dabei beobachtet, wie sie die Früchte von *Ziziphus mucronata,* eines dornigen Strauchs aus der Familie der Kreuzdorngewächse *(Rhamnaceae),* zu sich nahmen. An nahrungsreichen Plätzen, aber auch an Wasserstellen kann es mitunter zu Ansammlungen von mehreren hundert Vögeln kommen.
In Namibia wurde die Aufnahme von 19 unterschiedlichen Nahrungskomponenten nachgewiesen. Neben den Samen von *Anthephora schinzii* wurden auch Sonnenblumensamen *(Helianthus annuus)* und die Samen vom Süßdorn *(Acacia karroo)* als scheinbare Lieblingsnahrung der Rosenköpfchen nachgewiesen. Auch der Dung von Pferden und Rindern wird auf Nahrung durchsucht; was die Rosenköpfchen daraus zu sich nahmen, konnte jedoch bislang nicht nachgewiesen werden.
Matthias Schiffmann konnte bei seinem Namibia-Aufenthalt 2005 beobachten, wie Rosenköpfchen die roten Blüten der Streichholzpflanze *(Tapinanthus oleifolius)* verzehrten.
Während der Ruhephase ziehen sich die Rosenköpfchen paarweise oder in Gruppen zurück; als Schatten spendende Orte werden belaubte Bäume (Akazien) oder auch Nester aufgesucht. Während dieser Zeit gehen diese Papageien der eigenen oder gegenseitigen Gefiederpflege nach und die Paarpartner füttern sich.
Auch mit der Brutbiologie der Rosenköpfchen beschäftigten sich die eingangs erwähnten Wissenschaftler in der Vergangenheit, doch leider ist es als Ergebnis dieser Forschungsarbeit nicht gelungen, eventuell vorhandene saisonale Fortpflanzungszeiträume festzustellen oder ob nur eine Jahresbrut in der Natur als Normalität bezeichnet werden muss. Es gilt aber als sehr wahrscheinlich, dass Rosenköpfchen über das ganze Jahr verteilt zur Brut schreiten.

Ein Rosenköpfchen im Loro Parque auf Teneriffa.

Eine sehr interessante Feststellung machte man in der Vergangenheit zu den Nistplätzen dieser Vögel. Rosenköpfchen nutzen als eigene Brutstätte wahrscheinlich in den meisten Fällen vorhandene Nester von Siedelwebern *(Philetairus socius)*, die als komplexe Nestbauwerke in Bäumen, an Telegrafenmasten oder ähnlichen Stellen errichtet wurden. Die Siedelweber werden dabei nicht aus der näheren Umgebung der brütenden Rosenköpfchen vertrieben. Auch in den Nestern der Mahaliweber *(Plocepasser mahali)* wurden brütende Rosenköpfchen festgestellt. Weiterhin wurden Felsspalten, Hohlräume unter Hausdächern oder Baumhöhlen von diesen Vögeln als Nistplätze ausgewählt.
In einer Brutkolonie, die meist in besetzten Webernestern entsteht, können durchaus mehrere Rosenköpfchen dicht nebeneinander ihre Nester beziehen, ohne dass sich daraus Aggressionen entwickeln.
Das Weibchen transportiert das Nistmaterial, welches sich aus Streifen der Rinde von kleineren Ästen, Zweigen, Reisig, Blätter und auch Dornen zusammensetzen kann, zwischen den Federn seines Bürzels und den Oberschwanzdecken. In den Brutstätten wird daraus ein becherförmiges Nest gebaut und in den Webernestern werden die Eingänge mit dem Nistmaterial blockiert, sodass Eier und Jungvögel nicht aus dem Nest fallen können. Die Materialien werden vor und auch noch während der Inkubation in das Nest eingebracht.
Die Eiablage erfolgt bei den Paaren nahezu synchron und ein Gelege kann aus drei bis acht Eiern bestehen. Nach den Erkenntnissen der Freilandbiologen in Namibia wird täglich ein Ei gelegt. Die Brutzeit beträgt 22 bis 23 und die Nestlingszeit 42 bis 44 Tage.

Status und Bedrohung im Freiland

Bislang sind in dem großen Verbreitungsgebiet der Rosenköpfchen vereinzelt nur lokale Zählungen durchgeführt worden, die keine Rückschlüsse auf die Größe der Gesamtpopulation zulassen können. Laut IUCN gilt die Art als derzeit nicht gefährdet (= least concern), die Gesamtpopulation befindet sich jedoch in einer abnehmenden Trendentwicklung.
Die Art ist im Anhang II des Washingtoner Artenschutzübereinkommens (CITES) gelistet.

Tausende Rosenköpfchen wurden in der Vergangenheit vor allem in den südlichen Landesteilen Angolas gefangen und in nicht tragbarer Anzahl für den internationalen Vogelhandel bereitgestellt. Von diesen Eingriffen hat sich der Bestand dieser *Agapornis*-Art bislang immer noch nicht erholen können. Als Ernteschädling werden die Rosenköpfchen von der einheimischen Bevölkerung gegenwärtig wahrscheinlich nicht angesehen, da der Nahrungserwerb dieser Vögel nur selten auf kultivierten Nutzflächen stattfindet. In dem Verbreitungsgebiet der Rosenköpfchen kann Landwirtschaft aufgrund der klimatischen Verhältnisse nicht im großen Maß betrieben werden, sodass dies bereits als ein Grund für das ausbleibende

Aufsuchen von Ackerflächen angesehen werden kann.

Status in Menschenobhut

Im Erfassungszeitraum von 1984 bis 2010 sind laut der Jahresstatistiken des Bundesministeriums für Umwelt, Naturschutz und Reaktorsicherheit keine Wildfänge dieser Art in die Bundesrepublik Deutschland gelangt; allerdings wurden in dem Zeitraum von 1986 bis 2005 insgesamt 4.179 Rosenköpfchen in größeren Stückzahlen aus Drittländern wie Serbien und Montenegro (1986 bis 1993 = 2.173 Stück), Südafrika (1991 bis 1997 = 1.270 Stück), Tschechische Republik (1994, 1995 und 2004 = 113 Stück) und der Slowakei (1993 bis 1995 = 94 Stück) importiert. Diese Zahlen ergeben für die Zeit von 1986 bis 2005 eine Importrate von 203 Tieren pro Jahr.
Insbesondere bei den Importen aus Serbien und Montenegro drängt sich die Frage auf, ob es sich tatsächlich – wie deklariert – um nachgezüchtete Tiere handelte. Diese Importe sind unverständlich, da Rosenköpfchen schon immer eine leicht zu vermehrende Vogelart waren, die selbst seit dem EU-Importstopp regelmäßig auf den europäischen Vogelmärkten in großer Zahl vertreten ist. Bei den offiziell importierten Rosenköpfchen wurden in den jeweiligen Jahresstatistiken keine Angaben zur Unterartangehörigkeit dieser Vögel gemacht.
Rosenköpfchen sind sehr zahlreich in insgesamt 64 deutschen Zoos sowie in 88 weiteren zoologischen Einrichtungen Europas beziehungsweise des Nahen Ostens vertreten (zootierliste.de, Stand 1.4.2013). Für den Loro Parque auf Teneriffa ist angegeben, dass dort die Nominatform gehalten wird und in der im Jahr 2013 geschlossenen Papageienauffangstation im niederländischen Veldhoven die Unterart *A. r. catumbella.*

Rosenköpfchen sind in Europa in unzähligen Farbschlägen vertreten

Äußerst zahlreich sind Rosenköpfchen auch in Privathand anzutreffen. Allein die Nachzuchtstatistik der AZ weist für den Zeitraum 2000 bis 2012 insgesamt 20.678 nachgezogene Rosenköpfchen auf. Innerhalb der VZE sind dies für die Jahre 2000, 2002 und 2008 zusammen 1.527 Exemplare. Bei beiden Züchterorganisationen

wurden bei der Veröffentlichung der Nachzuchtzahlen keine Angaben zur Unterartzugehörigkeit der gezüchteten Rosenköpfchen gemacht.
Im Europäischen Erhaltungszuchtprojekt für *Agapornis*-Spezies (EPPAS) sind bislang keine Rosenköpfchen gemeldet worden. Innerhalb dieser Initiative werden keine Farbmutationen oder Mischlinge unter den gemeldeten Vögeln zugelassen und wahrscheinlich liegt der Grund für das Ausbleiben von Anmeldungen bei dieser Art darin, dass sich in Privathand keine artenreinen und mutationsfreien Rosenköpfchen mehr befinden. Allerdings haben Recherchen des Verfassers ergeben, dass unter Insidern immer wieder ein Züchter in der Bundesrepublik Deutschland als Besitzer von Rosenköpfchen, die phänotypisch ihrem Wildtyp gleichen und zudem mutationsfrei sein sollen, genannt wird. Nach einem längeren Gespräch mit dem besagten Züchter stellte sich jedoch heraus, dass er die Mutationsfreiheit seiner wildfarbenen Vögel nicht garantieren kann, zumal dieser Züchter seine wildfarbenen Rosenköpfchen auch immer wieder mit seinen eigenen Mutationsvögeln kreuzt. Derartige Äußerungen sind also stets mit besonderer Vorsicht zu genießen!
Der Verfasser geht bei dem Rosenköpfchen inzwischen davon aus, dass sich sehr wahrscheinlich keine „reinen" Rosenköpfchen mehr in Europa befinden. Von allen hiesig gehaltenen *Agapornis*-Arten wäre das Rosenköpfchen als artenreiner Vogel somit als ausgestorben zu betrachten.

Erste Haltungserfahrungen und bisherige Bruterfolge

Der deutsche Großhändler Karl Hagenbeck erhielt im Jahr 1860 die ersten lebenden Paare Rosenköpfchen. Zu jener Zeit wurde diese Art als „Zwergpapagei mit rosenrothem Gesicht" bezeichnet und galt zunächst als eine Seltenheit. Noch vor Eröffnung des Berliner Aquariums im Jahr 1869 wurden durch Alfred Edmund Brehm damals kostbare Vögel in großer Zahl und Vielfalt angeschafft; darunter befanden sich Ende 1868 auch sieben Rosenköpfchen, die auf einer Antwerpener Tierversteigerung erworben wurden. Sofort nach der Anschaffung begannen die Rosenköpfchen mit der Brut.
Der Futtermeister Seidel konnte Brehm aus seinen Beobachtungen bald eine bis dahin unbekannte Feststellung mitteilen, *„die nämlich, daß das Weibchen fein zerschlissene Holzspähne tief zwischen die Federn des Hinterrückens steckte, dieselben so in den Nistkasten trug und, wie die spätere Besichtigung ergab, daraus ein vollständiges Nest formte"* (aus Ruß, 1881). Brehm selbst schreibt in seinem „Tierleben", dass er selbst auf den Gedanken gekommen ist, bei den Rosenköpfchen könnte es sich um Knospenfresser handeln. Aufgrund dieser Überlegung wurden den Vögeln Weidenzweigen gereicht, deren Rinde sie abschälten und schließlich im Bürzelgefieder in den Nistkasten trugen.
Diese anfänglichen Haltungen entwickelten sich schließlich sehr schnell zur Erstzucht des Rosenköpfchens, die folglich

Brehm für das Jahr 1869 zuerkannt wird. Im Jahr 1868 erhielt auch Karl Ruß ein Paar Rosenköpfchen von Brehm, denn dieser schreibt im Februar des darauffolgenden Jahres im Journal für Ornithologie: *„Unter meinen Papageien wird es am bemerkenswerthesten sein, dass kurz hintereinander je ein Paar Pionias senegalus, Conurus carolinensis und Agapornis roseicollis, welchen letzteren in Deutschland zweifellos äußerst seltenen Papagei ich durch die Güte des Herrn Dr. Brehm erhielt, zu nisten begannen und alle drei erwarten lassen, dass die Brut gut von statten gehen werde."*

Bald schon fanden Rosenköpfchen nach dieser Zeit eine große Verbreitung. Bereits aus diesen alten Veröffentlichungen könnte man entnehmen, dass diese Agaporniden sich in Menschenobhut anfangs als sehr fortpflanzungswillig erwiesen. Dem war jedoch zunächst nicht so. Anfängliche Erfolge waren eher selten, wenngleich Ruß im Jahr 1880 über eine besondere Beobachtung bei seinen Rosenköpfchen berichtete. Ein in seinem Arbeitszimmer frei fliegendes Paar erhielt zunächst drei Nistkästen unterschiedlichster Bauweise angeboten. In jedem dieser Kästen legte das Weibchen mehrere Eier, ohne dass es diese zu bebrüten begann. Hinter Büchern auf einem Bücherschrank begann das Weibchen nunmehr aus Papierstreifen einen „ungeheuren Haufen" zu errichten, in dem schließlich drei Jungvögel zum Schlupf kamen.

Bald schon entwickelten sich die Rosenköpfchen zu zuverlässigen Brutvögeln und

Ein Rosenköpfchen inspiziert vorsichtig eine Nisthöhle.

auch durch die anhaltenden Importe waren diese Tiere regelmäßig auf dem Vogelmarkt vertreten; lediglich in den Jahren der beiden Weltkriege waren es wieder weniger Vögel. Nach den Kriegswirren entwickelte sich das Rosenköpfchen schließlich zu der am zahlreichsten gehaltene *Agapornis*-Art; Importe von Wildvögeln aus den Heimatgebieten dieser Arten hielten noch bis in die Mitte der 1970er-Jahre an.

Im Laufe ihrer Haltungsgeschichte wurde über einige Besonderheiten berichtet, so schrieb A. Adlersparre im Jahr 1938, dass einige der von ihm beobachteten Rosenköpfchen Nistmaterial auch unter den Hals- und Brustfedern zu transportieren versuchten. Nach seinen Angaben werden neben der Rinde von Weidenzweigen auch die Zweige von anderen Laubhölzern, Blätter, Bast, Papier oder Strohhalme zum Nestbau verwendet. Die beiden Autoren Sistermann und Mayer berichteten 1995 zum Nestbauverhalten, dass die Männchen und Weibchen gleichermaßen Nistmaterial in den Nistkasten befördern; nach ihren Beobachtungen werden von den Rosenköpfchen teilweise sogar überdachte Nester errichtet.

H. Müller berichtete im Jahr 1963, dass seine Rosenköpfchen nahezu versessen auf ein Aufzuchtfutter waren, dass unter anderem Garnelen beinhaltete.

1967 ereignete sich bei dem Züchter S. Bruchholz eine Polygamzucht bei seinen Rosenköpfchen. Von zwei zusammengehaltenen Zuchtpaaren verstarb ein Männchen; die übrig gebliebenen Vögel vermehrten sich anschließend jedoch erfolgreich weiter. Die beiden Weibchen besetzten zwei getrennte Nistkästen und zeitigten befruchtete Gelege, wobei sich das einzelne Männchen während dieser Phase stets intensiver um sein vertrautes Weibchen kümmerte.

Wiederholt wurden Rosenköpfchen in der Vergangenheit im Freiflug gehalten. M. Albrecht schreibt 1975 darüber in einem zusammenfassenden Bericht. Im Jahr 1972 erwarb er ein Paar dieser Agaporniden. Bei Elektrikerarbeiten in seiner Voliere entflogen um die Mittagszeit beide Vögel und begaben sich in den nahe gelegenen Wald. Für die nächste Stunde wurde die Tür der Voliere nicht verschlossen und die beiden Elektriker entfernten sich für diese Zeit von der Vogelunterkunft. Als sie zurückkehrten, waren beide Rosenköpfchen bereits wieder in der Voliere.

Nach einem weiteren diesmal witterungsbedingten Zwischenfall entwichen im gleichen Jahr vier Rosenköpfchen aus der gleichen Zuchtanlage. Einen Tag später kehrten alle vier Vögel wieder zurück. In der weiteren Folge wurde eine Öffnung in der Außenvoliere installiert, die den Rosenköpfchen gelegentlichen Freiflug ermöglichen sollte. Inzwischen befanden sich zwei Männchen und drei Weibchen in der Voliere, unter denen sich zwei Paare gefunden hatten. Ab dem Zeitpunkt der Eiablage wurde den Vögeln nun ständig Freiflug gewährt. Die spätere Fütterung der Jungvögel erfolgte zu sehr großen Anteilen mit Nahrungsbestandteilen aus der Natur.

Auch Rolf Vogler berichtete 1980 über seine jahrelangen Freiflugversuche mit zehn bis 15 Paaren Rosenköpfchen. Zum ersten Mal entriegelte dieser Züchter die Öffnung in seiner Außenvoliere, als sich Eier beziehungsweise Jungvögel in den Bruthöhlen befanden. Jeden Tag verließen auch die Weibchen das Gelege sowie die Jungvögel für längere Zeit, ohne dass dies zu Beeinträchtigungen in der Entwicklung des Nachwuchses führte. Die Nachbarn beschwerten sich über Schäden an Obstbäumen, die durch die frei fliegenden Rosenköpfchen verursacht wurden. Die

Rinde der Obstbäume wurde zum Nestbau verwendet.
Interessant klingen zum Beispiel die Mitteilungen dieses Autors, wie seine Rosenköpfchen Katzen im Sturzflug angriffen, ähnlich dem Verhalten unserer einheimischen Mehlschwalbe oder Rauchschwalbe. Die Agaporniden entfernten sich teilweise bis zu 6 km von der Voliere. In der Folgezeit wurden auch einheimische Singvögel aus künstlichen Nistkästen vertrieben und es wurden durch die Rosenköpfchen auch Gelege in diesen gezeitigt. Zu einem vollständigen Bruterfolg im Freien kam es jedoch nie.
So interessant derartige Freiflugversuche auch sein mögen, sind sie dennoch sehr kritisch zu betrachten und in der heutigen Zeit sogar durch unsere Gesetzgebung wegen der Gefahr einer Faunenverfälschung verboten!

Im Jahr 1988 berichtete der Biologe Heinz Reissmüller über die missglückte Aufzucht eines sogenannten Hauben-Rosenköpfchens. Ihm gelang die Handaufzucht eines Jungvogels, der auf seiner Kopfplatte eine vollständige Rundhaube entwickelte, nicht.

Bodo Ochs erwähnt 1998, dass Rosenköpfchen während der Brutzeit sowohl paarweise in Zuchtkäfigen als auch in der Gruppe in größeren Unterkünften gehalten werden können. Er weist darauf hin, dass seine Rosenköpfchen zumeist ein kugelförmiges Nest bauen und etliche nur noch eine Nestunterlage errichten, die andeutungsweise einem Napfnest ähnelt. Seine

Hier sieht man, wie sich ein Rosenköpfchen-Weibchen Nistmaterial in das Rückengefieder steckt. Auf diese Weise wird das Material in die Nisthöhle getragen.

Auch bei diesem Vogel handelt es sich nicht um ein wildfarbenes Rosenköpfchen.

Vögel nehme jede Art von Nistkästen an. Nach der Fertigstellung des Nestes legten seine Weibchen im Normalfall in zweitägigen Abständen vier bis sechs, manchmal sogar zehn Eier. Nach einer Brutzeit von 22 bis 23 Tagen schlüpften die Jungvögel, die anfangs nur vom Weibchen mit Nahrung versorgt wurden. Im Alter von etwa 40 Tagen flogen die Jungtiere aus und waren mit sieben bis acht Wochen selbstständig. Die Eltern begannen dann sofort mit einer nächsten Brut.

Ralph Schmidt beschreibt 2002 seine Erfahrungen aus der Haltung und Zucht von Rosenköpfchen. Er hielt seine Rosenköpfchen außerhalb der Brutsaison in einer Voliere gemeinsam mit Schwarz-, Ruß- und Pfirsichköpfchen, ohne dass es zu größeren Aggressionen kam. Auch R. Schmidt bietet seinen Rosenköpfchen Großsittichnistkästen im Hoch- und Querformat an, von denen jede Variante akzeptiert wird; er weist lediglich darauf hin, dass das Schlupfloch mindestens einen Durchmesser von 6 cm aufweisen sollte, damit das Nistmaterial durch das Weibchen ungehindert eingebracht werden kann.
R. Schmidt erwähnt in seinem Bericht auch die Rupferproblematik bei den Rosenköpfchen. Einige Eltern rupfen ihren Nachwuchs die gerade aufbrechenden Federn aus. Die Ursache für dieses Verhalten ist bislang nicht eindeutig erforscht. Er bietet darum kurz vor der Eiablage nur noch wenige Zweige für den weiteren Nestbau an. Wenn bei den Jungvögeln die ersten Deckfedern auf dem Rücken und den Flügel wachsen, bekommen die Eltern täglich einen frischen Zweig für den weiteren Nestbau angeboten. Dadurch beschäftigen sich die Elterntiere mehr mit dem Nestbau und werden auf diese Weise etwas vom Federkleid ihres Nachwuchses abgelenkt. Es darf in dieser Phase jedoch nicht zu viel Nestmaterial angeboten werden, da ansonsten die Jungvögel wiederum vernachlässigt werden können.
Matthias Schiffmann berichtet im Jahr 2006 von einem Rosenköpfchen-Züchter in Namibia, der seinen Vögeln leere Konser-

vendosen als Niststätte anbot; die Öffnung der Dosen wurde jeweils mit einem durchbohrten Holzbrett verschlossen. Gefüttert wurden diese Vögel dort ausschließlich mit Sonnenblumenkernen und Maisschrot.

Haltungserfahrungen des Verfassers

Rosenköpfchen sind lange Zeit vom Verfasser gepflegt worden. Es waren im Jahr 1979 unter anderem die ersten Vögel überhaupt, die er anschaffte. Als Gruppe von drei wildfarbenen Paaren hielten diese Agaporniden damals Einzug in eine Außenvoliere mit daran angeschlossenem Schutzhaus. Bis zum Jahr 1985 wurden Rosenköpfchen in teilweise bis zu fünf Zuchtpaaren gepflegt. Die drei ersten Paare wurden 1979 als zwei- und dreijährige Tiere von einem Züchter erworben, der sein Hobby aufgrund gesundheitlicher Beschwerden aufgeben musste. Die Unterbringung der Gruppe erfolgte in einer Außenvoliere mit den Maßen 4 x 2 x 2 m; die daran angeschlossene Innenvoliere hatte die Maße 1,5 m Länge, 2, m Breite und 2,2 m Höhe. Das Schutzhaus wurde massiv errichtet und war nicht beheizbar. Kurz nach dem Einzug der Rosenköpfchen wurden auch schon die ersten Nistmöglichkeiten angeboten, die der Verfasser von dem Vorbesitzer der Vögel erhielt. Hierbei handelte es sich um eine selbst gefertigte Nistkastenkonstruktion, die etwa 150 cm breit, 20 cm hoch und 20 cm tief war. Diese Konstruktion wurde in jeweils 25 cm breite Nistabteile unterteilt und erweckte den Eindruck eines Reihenhauses. Die Kontrollöffnungen waren im oberen Bereich angebracht und erlaubten jeweils separate Nistkastenkontrollen. Sitzstangen waren jeweils unter den Schlupflöchern angebracht.

Kurz nach dem Anbringen der Brutstätten bezogen die Weibchen ihre ausgewählten Nistkammern. Am gleichen Tag wurde reichlich Nistmaterial angeboten, dass sich aus frischen Weiden- sowie Obstbaumzweigen und Gräsern zusammensetzte. Einen Tag später konnten die Rosenköpfchen bereits beim Transport von 5 bis 10 cm langen Rindenstreifen beobachtet werden. Es handelte sich dabei um die Weibchen, die das Nistmaterial in ihren Bürzel beziehungsweise in das Rückengefieder steckten und es in die ausgewählte Nisthöhle transportierten. Oft kam es vor, dass einzelnes Nistmaterial während des Transportes verloren ging; hin und wieder wurde es zu einem späteren Zeitpunkt wieder aufgenommen. Das Männchen begleitete sein Weibchen immer wieder bei den Flügen, schlüpfte in dieser Phase jedoch nie in das Innere der Nisthöhle.

Etwa zehn Tage später konnte stets mit dem ersten Ei gerechnet werden. Vier bis sechs Eier wurden in all den Jahren als normal angesehen, einmal wurden auch sieben Eier gelegt. Die Befruchtungsrate bei diesen Rosenköpfchen war durchaus zufriedenstellend. Während sich das Weibchen mit dem Bebrüten des Geleges beschäftigte, verweilte das Männchen oft auf der Sitzstange vor dem Einschlupfloch oder auf dem Deckel der Nistkastenkonstruktion.

Erstaunlich war, dass sich die Rosenköpfchen nahezu friedfertig zueinander verhielten, von kleineren Streitigkeiten einmal abgesehen. Die Weibchen verließen während der Brut nur selten das Nest und wenn, dann nahmen sie nur etwas Wasser auf, flogen kurze Strecken, pflegten ein wenig das Gefieder und ließen sich von ihrem Männchen füttern, bevor sie wieder in ihrer Nistkammer verschwanden. Nach einer Brutzeit von 22 bis 23 Tagen schlüpften die Jungvögel, die anfangs durch ein dünnes orangefarbenes Dunenkleid geschützt sind. In den ersten Lebenstagen übernahm allein das Weibchen die Versorgung der Jungvögel, nach etwa sieben Tagen konnte mitunter auch das Männchen dabei beobachtet werden, wie es in die Nisthöhle schlüpfte. Ob es zu diesem Zeitpunkt bereits zur Futterübergabe des Männchens an die Jungvögel kam, konnte nicht festgestellt werden.
Im Alter von etwa zehn Tagen öffneten sich die Augen der jungen Rosenköpfchen. Nach 13 Tagen waren die Jungvögel vollständig mit Daunen bedeckt und auch die ersten Federkiele waren unter der Haut erkennbar. Im Alter von 18 Tagen erschienen die ersten grünen Federn auf den Flügeln und dem übrigen Körper und mit 32 bis 38 Tagen verließen die Jungvögel voll befiedert ihre Nisthöhle. Weitere zwei bis drei Wochen vergingen nun noch, bis die jungen Rosenköpfchen als selbstständig bezeichnet werden konnten.

Schachtelbruten sind bei Rosenköpfchen nicht selten und manchmal kümmert sich in den Tagen zwischen dem Ausfliegen der Jungvögel und deren Selbstständigkeit nur das Männchen um die Versorgung der Jungen; das Weibchen bebrütet dann schon wieder ein neues Gelege. Die jungen und noch etwas unbeholfenen Rosenköpfchen sind kurz nach dem Ausfliegen immer wieder das Ziel von den älteren Vögeln, die sich den Jungvögeln zeitweise nähern und ihnen dann fortwährend in die Füße beißen. Darum sollte Jungvögeln nach dem Erreichen der Selbstständigkeit auch sofort eine separate Unterkunft angeboten werden, um die eventuell anhaltenden Aggressionen der anderen Voliereninsassen ihnen gegenüber zu verhindern.
Die Rosenköpfchen gab der Verfasser schließlich wieder ab, nachdem aus den wildfarbenen Ausgangstieren immer wieder einmal farblich mutierte Jungvögel hervorgingen.

Anmerkung

Rosenköpfchen sind in der Gegenwart zahlreich bei den Vogelzüchtern auf der ganzen Welt vertreten, wenngleich farblich veränderte beziehungsweise spalterbige Vögel hiervon die Mehrheit sind. Die in gewisser Zahl vorkommenden „wildfarbenen" Rosenköpfchen sind zumeist spalterbig in einer der zahlreich bei diesen Agaporniden vorkommenden Mutationen oder sie weichen selbst in ihrer „Wildfarbe" von dem eigentlichen wilden Artgenossen ab.
1998 ist in der Zeitschrift „Papageien" ein Artikel veröffentlicht worden, in dessen

Schlussteil die Ursache der Misere selbsterklärend auf dem Punkt gebracht wurde: *„Neben der Zucht wildfarbener Rosenköpfchen offenbart sich dem experimentierfreudigen Züchter ein reichhaltiges Betätigungsfeld bei hochinteressanten Mutations- und Kombinationszuchten. Jahrelang wurde die Mutationszucht angegriffen und verpönt, dafür aber die Zucht wildfarbener Tiere in den Himmel gehoben. Durch das Überangebot an wildfarbenen Rosenköpfchen ist aber nicht mehr gewährleistet, daß man seine Tiere an verantwortungsbewußte Halter zu einem angemessenen Preis verkaufen kann."*

Heutzutage besteht Einvernehmen darüber, dass sich zumindest in deutschen Haltungen höchstwahrscheinlich keine artenreinen beziehungsweise mutationsfreien Rosenköpfchen mehr befinden. Hier scheinen die Züchter eine noch vor einigen Jahrzehnten bestehende Chance verpasst zu haben, nämlich den phänotypischen Wildvogel als Spezies Rosenköpfchen artenrein und ohne Einfluss von Mutationen koordiniert zu vermehren. Hierzulande trifft man auf Rosenköpfchen, die durch die Experimentierfreude einiger Zeitgenossen zum Mischmasch degradiert worden sind. Auch von Mischlingen mit anderen *Agapornis*-Arten wurde verschiedentlich berichtet, ob diese nun ungewollt oder planmäßig gezüchtet wurden, bleibt nebensächlich. Dieser Missstand könnte heute quasi nur noch durch Importe von einer sehr kleinen Anzahl Wildvögel in sehr kleinem Maße behoben werden, die dann im Rahmen eines streng kontrollierten Zuchtprojektes vermehrt werden müssten.

Schwarzköpfchen
Agapornis personatus
(Reichenow, 1887)

Beschreibung

Das Schwarzköpfchen besitzt eine grüne Grundgefiederfarbe. Die Stirn, der Oberkopf, die Wangen, das Kinn und die obere Kehle sind dunkel schwarzbraun gefärbt. Ein schmaler Bereich am Hinterkopf ist dunkel olivgelb, dem sich der gelbe Hals und Nacken anschließt. Ebenfalls gelb ist die Brust des Schwarzköpfchens. Der Bauch und die Unterschwanzdecken sind grün; die Flügeloberseite wird hingegen von einem dunkleren Grün bestimmt. Am Flügelrand ist eine gelblich grüne Färbung zu erkennen. Die Außenfahnen der Hand-

Gesamtlänge: *14 bis 15 cm*
Gewicht: *30 bis 38 g*
Geschlechtsunterschiede: *Männchen und Weibchen sind gleich gefärbt*
Gelegegröße: *4 bis 6 Eier*
Brutdauer: *21 bis 23 Tage*
Nestlingszeit: *37 bis 39 Tage*
Gesetzesstatus: *WA II / B (von der Anzeigepflicht ausgenommen)*
Beringung: *4,5 mm-Ring (keine Beringungspflicht, eine Beringung wird jedoch empfohlen)*

schwingen sind grün und die Innenfahnen schwarzbraun gefärbt. Die kleinen Unterflügeldecken sind grün. Der Bürzel und die Oberschwanzdecken besitzen eine dunkelblaugelbliche Färbung. Der Schwanz hat eine gelbrosafarbene Basis, einen schwarzen Fleck im letzten Drittel und eine gelblich orange Spitze.
Schwarzköpfchen weisen einen unbefiederten weißen Augenring auf; der Schnabel ist vollständig rot gefärbt. Die Füße sind graubraun und haben schwarzgraue Krallen. Die Iris ist dunkelbraun. Die Weibchen sind anhand äußerer Färbungsmerkmale nicht von den Männchen zu unterscheiden.

Schwarzköpfchen bei der Gefiederpflege.

Juvenile Schwarzköpfchen erscheinen in allen Farben blasser; der Brustbereich ist mattgelb. Jungtiere sind häufig an der dunklen Basis vom Schnabel zu erkennen.

Systematik

Betrachtet man die Entwicklungsgeschichte der *Agapornis*-Gattung, dann müssen die vier Arten mit den weißen Augenringen *(personatus, fischeri, lilianae, nigrigenis)* den jüngeren Arten zugeordnet werden. Sie können als eine Untergruppe innerhalb der Gattung *Agapornis* betrachtet werden, die wahrscheinlich aus einem gemeinsamen *roseicollis*-Vorfahren hervorgegangen sind.
Dass der Entstehungsprozess dieser vier Arten noch nicht so weit fortgeschritten ist wie die bei den anderen Gattungsangehörigen, belegt allein die nicht verringerte Fruchtbarkeit von Mischlingen innerhalb der Gruppe mit den weißen Augenringen. Lange Zeit wurde das Schwarzköpfchen darum auch als eine Art angesehen, die sich in insgesamt vier Unterarten *(personatus, fischeri, lilianae, nigrigenis)* aufteilte. Inzwischen sind sich die Wissenschaftler jedoch weitestgehend einig darüber, dass es sich beim Schwarzköpfchen um eine eigenständige Art handelt.
Das Schwarzköpfchen zählt zu den nicht geschlechtsdimorphen Arten, die während der Brutzeit auch in ihrem natürlichen Verbreitungsgebiet in arteigenen Gruppierungen leben. Die Tiere transportieren Nistmaterial im Schnabel in die Nisthöhle.

Die Heimat der Schwarzköpfchen ist Tansania. Hier halten sich die Schwarzköpfchen zur Nahrungsaufnahme auch gern auf dem Erdboden auf.

Das Schwarzköpfchen wurde durch den deutschen Ornithologen Anton Reichenow in die Wissenschaft eingeführt. Bei seiner Tätigkeit am Naturkundemuseum in Berlin hat Reichenow unzählige Sammlungsstücke bearbeiten müssen, worunter auch ein durch den deutschen Afrikaforscher Gustav Adolf Fischer (1848 – 1886) am 10. September 1877 in Serian, Kibaya Massai, zwischen Mgera und Irangi, Tansania, gesammeltes Individuum war, das 1887 die wissenschaftliche Bezeichnung *Agapornis personata* erhielt. Veröffentlicht wurde die Erstbeschreibung im Journal für Ornithologie auf der Seite 55 unter dem Titel *„Dr. Fischers Ornithologische Sammlungen"*. Das Typus-Exemplar, nach dem diese Art durch Anton Reichenow beschrieben wurde, befindet sich in der Sammlung des Zoologischen Museums Berlin (Naturkundemuseum).

Der lateinische Artname *personatus* ist gleichbedeutend mit „eine Maske tragend, maskiert".

Verbreitung und Freileben

Agapornis personatus (Reichenow, 1887): Nordost-Zentral-Tansania.

Hin und wieder wird erwähnt, dass sich das Vorkommen der Schwarzköpfchen bis zum Sambesi-Flusslauf erstrecken soll. Eingeführt wurden Schwarzköpfchen auch in Burundi und einigen Teilen Kenias.
Am Naivasha-See im südwestlichen Kenia existieren einige überlebensfähige Popula-

tionen von Schwarz- und Pfirsichköpfchen, die vor Jahrzehnten dort angesiedelt wurde. Dort besetzen beide Arten über das ganze Jahr die gleichen Baumhöhlen und es kommt auch zur Hybridbildung beider Spezies.

Um den Manyara-See im nordöstlichen Tansania kommt es ebenfalls zu einer Vermischung beider Arten; dort stoßen die Grenzen der beiden natürlichen Verbreitungsgebiete von Schwarz- und Pfirsichköpfchen aneinander. Allerdings sollen beide Arten hier nur von März bis Juni anzutreffen sein, was vermuten lässt, dass nahrungsbedingte Wanderungen stattfinden.

Selbst während der Trockenzeit ist die Umgebung des Manyara-Sees von fruchtbaren Landstrichen durchzogen. Der hohe Grundwasserspiegel und die aus den Bergregionen herabfließenden Bäche sorgen für einen üppigeren Pflanzenbewuchs, der den Schwarz- und Pfirsichköpfchen auch zu dieser Zeit ausreichend Nahrung bietet und beide Arten hier wahrscheinlich auch zur Fortpflanzung schreiten lässt. Es wird vermutet, dass sich während des gemeinsamen Aufenthalts beider Arten Mischpaare bilden, die dann weiterhin vereint bleiben.

Die ebenfalls fortpflanzungsfähigen Nachkommen solcher Mischverpaarungen können langfristig zu einem Problem werden, da sich die Mischlinge auch weiter mit anderen Schwarz- und Pfirsichköpfchen paaren und so für eine anhaltende Ausbreitung nicht artenreiner Vögel sorgen werden.

 Schwarzköpfchen in ihrem natürlichen Habitat.

In ihrem natürlichen Verbreitungsgebiet in Tansania bewohnen Schwarzköpfchen Inlandplateaus in Höhenlagen zwischen 1100 und 1700 Meter. Diese Art ist ein Bewohner der Trockensavannen, in denen Grassteppen mit vereinzeltem Baumbestand das Landschaftsbild prägen. Akazien *(Acacia)* und Baobabs *(Adansonia)* sind die verbreiteten Baumarten in diesen Habitaten. Das gesamte Verbreitungsgebiet dieser Spezies erstreckt sich über eine Fläche von nahezu 204.000 km².

Der Deutsche Zoologe Oscar Neumann stieß 1899 auf das Schwarzköpfchen. Er beobachtete diese Vögel in Gruppengrößen von zehn bis 20 Tieren häufig in Akazienhainen Nord Ugogos, auch in Usandawe, Irangi und an der Südspitze des Manjara Sees. Er vermutete zu jener Zeit, dass das Verbreitungsgebiet der Schwarzköpfchen sehr beschränkt zu sein scheint. In der Gegenwart werden oft kleinere Gruppengrößen benannt, wobei sich aber auch Ansammlungen von bis zu hundert Vögeln auf landwirtschaftlichen Nutzflächen einfinden, um dort von der reifenden Mohrenhirse *(Sorghum bicolor)* zu fressen. Da diese Hirsesorte das wichtigste Brotgetreide in Afrika darstellt, werden die Schwarzköpfchen von der einheimischen Bevölkerung nicht gern auf ihren Anbauflächen gesehen.
Üblicherweise ernähren sich diese Agaporniden jedoch von allen möglichen Grassamen und Kräutern, die während der fruchtbaren Monate in ihrem Verbreitungsgebiet gedeihen. Zur Nahrungsaufnahme begeben sich die Schwarzköpfchen häufig auf dem Boden; sie finden aber auch in den Baumwipfeln Fressbares, das sie dann an Ort und Stelle verzehren. Hier sind es verschiedene Früchte, Beeren, Knospen, Blüten, Blätter, Flechten und sogar Insekten, die zu ihrem Nahrungsspektrum gezählt werden können. Zu Zeiten der Nahrungsverknappung werden Wanderungen zur Futtersuche bei den Schwarzköpfchen angenommen.
Karin und Karl-Heinz Lambert sowie Eckhard Lietzow berichteten 2009 über eine im Oktober 2006 durchgeführte Reise in das Verbreitungsgebiet der Schwarzköpfchen. Die Autoren geben an, dass sich bereits kurz vor Sonnenaufgang, gegen 06.00 Uhr, Gruppen von 20 bis 50 Tieren den Wasserstellen näherten. Hunderte Vögel trafen so innerhalb kürzester Zeit an diesen Orten ein. Zunächst verblieben sie für etwa 15 Minuten in den umliegenden Bäumen und begaben sich erst dann zur hastigen Wasseraufnahme auf den Boden. Etwa eine Stunde war dieses Treiben zu beobachten, bevor sich die Vögel in kleineren Gruppen wieder entfernten. Einige Paare blieben auch noch längere Zeit an der Wasserstelle und pflegten zunächst gegenseitig ihr Gefieder, bevor sie sich später dazu entschieden, ebenfalls abzufliegen. Vor Sonnenuntergang konnte dieses Verhalten an den Wasserstellen abermals beobachtet werden. Auch eine besetzte Bruthöhle konnten die Autoren finden.
Von Mitte/Ende Oktober bis Anfang Dezember ist ein Nordost-Monsun für eine

„kleine" Regenzeit mit vielen Schauern und Gewittern verantwortlich. Von Mitte/ Ende März bis Ende Mai bringt schließlich ein Südost-Monsun die „große" Regenzeit in das Land. Jedoch schreiten die Schwanzköpfchen vornehmlich zur Trockenzeit zur Brut. Hierzu wählen die Vögel vorhandene Höhlen in Bäumen aus, wobei es bei hinreichend vielen Höhlen in einem Baum durchaus zur Koloniegründung während der Brutzeit kommen kann. Weitere Neststandorte können auch Felsspalten, geeignete Nischen an Gebäuden oder sogar Schwalbennester sein.
Das Weibchen trägt in seinem Schnabel Nistmaterial ein, das sich aus kleinen Zweigen und schmalen Rindenstreifen zusammensetzt. Über einen Zeitraum von wenigen Tagen entsteht schließlich ein kobelförmiges Nest. In der Regel werden vier bis fünf Eier gelegt, die vom Weibchen allein über einen Zeitraum von 21 bis 23 Tagen bebrütet werden. Nach einer Inkubationszeit von 40 bis 43 Tagen verlassen die jungen Schwarzköpfchen schließlich ihre Nisthöhle.
Nach Abschluss der Fortpflanzungsperiode sind Schwarzköpfchen mitunter in größeren Gruppen von bis zu 80 Individuen anzutreffen. Sehr wahrscheinlich handelt es sich dabei um einen Zusammenschluss von Eltern- und Jungtieren einer Brutkolonie.
Das Schwarzköpfchen kommt in Tansania endemisch vor und ist dort lokal häufig anzutreffen. Die oben erwähnten Populationen in Kenia sind von Menschen angesiedelt worden.

Status und Bedrohung im Freiland

Verlässliche Zählungen, die auf eine nahezu genaue Populationsgröße beim Schwarzköpfchen hindeuten, sind in der Vergangenheit nicht erfolgt. Laut BirdLife International wird das Verbreitungsgebiet dieser Vogelart auf eine Größe von 204.000 km² geschätzt. Die IUCN betrachtet diese Spezies derzeit als nicht gefährdet (= least concern) und im Bestand als stabil. Laut Washingtoner Artenschutzübereinkommens (CITES) wird das Schwarzköpfchen gegenwärtig im Anhang II gelistet.

Von der einheimischen Bevölkerung wird diese *Agapornis*-Art als Ernteschädling angesehen und aus diesem Grund wahrscheinlich auch verfolgt. Außerdem wirkt sich ohne Zweifel auch der Fang für den Vogelhandel auf die Gesamtpopulation aus, wobei dieser in den zurückliegenden Jahren durch das Fortpflanzungsgeschehen weitestgehend kompensiert wurde. Als Käfigvogel scheint das Schwarzköpfchen für die einheimische Bevölkerung keine Rolle zu spielen.

Status in Menschenobhut

In den Jahresstatistiken des Bundesministeriums für Umwelt, Naturschutz und Reaktorsicherheit für den Zeitraum von 1984 bis 2010 gelangten keine Schwarzköpfchen direkt aus Tansania in die Bundesrepublik Deutschland. Insgesamt 2.131 Vögel kamen während dieser Zeit jedoch über

Drittländer zu den deutschen Vogelliebhabern. Bemerkenswert ist auch hier, dass die größten Stückzahlen davon aus Serbien und Montenegro (19866 bis 1993 = 1.134 Stück), Südafrika (1992 bis 1996 = 508 Stück) und der Slowakei (1993 bis 1995 = 305 Stück) importiert wurden. Immerhin handelt es sich bei den Schwarzköpfchen um relativ leicht zu vermehrende Papageienvögel, deren Bedarf für die Vogelliebhaber in der Bundesrepublik Deutschland durchaus aus den Nachzuchtvögeln der hierzulande organisierten Züchter gedeckt werden könnte. Für den Zeitraum von 1986 bis 2005 ergibt sich eine Importrate von durchschnittlich 106 Tieren pro Jahr, wobei in den Jahren 1999 und 2000 kein Schwarzköpfchen importiert wurde.

In den Zoos und Vogelparks sind Schwarzköpfchen zahlreich vertreten, allein in 37 deutschen Einrichtungen und in 45 weiteren Zoos in Europa beziehungsweise dem Nahen Osten werden diese Papageien gepflegt (zootierliste.de, Stand 1.4.2013). In den Statistiken deutscher Vogelzüchterverbände erscheinen diese Agaporniden ebenfalls regelmäßig. Die Nachzuchtstatistik der AZ listet für die Jahre 2000 bis 2012 insgesamt 14.350 nachgezogene Schwarzköpfchen auf. Bei der VZE sind dies im Vergleich für die Jahre 2000, 2002 und 2008 zusammen 1.018 Tiere und innerhalb des Europäischen Erhaltungszuchtprojekts für die *Agapornis*-Spezies (EPPAS) wurden für den Zeitraum von 2010 bis 2012 lediglich sechs Jungvögel gemeldet. In dem EPPAS-Projekt werden ausschließlich Agaporniden aufgenommen, die die Artenreinheit und Mutationsfreiheit in sich vereinen. Da diese Kriterien bei fast allen hiesigen Schwarzköpfchen nicht mehr erfüllt werden, verwundert es auch kaum, dass die Art dort in so geringer Zahl vertreten ist.

In Menschenobhut befinden sich noch zahlreiche Schwarzköpfchen. Ob diese aber artenrein sind, ist fraglich. Dieses Tier besitzt einige rötliche Federn im oberen Brustbereich – ein Mischlingsmerkmal.

Erste Haltungserfahrungen und bisherige Bruterfolge

Die erste dokumentierte Einfuhr von Schwarzköpfchen aus deren Heimatgebiete ist aus dem Jahr 1925 bekannt. Der

amerikanische Vogelliebhaber K. V. Painter nahm auf seiner Afrikareise drei Exemplare mit in die USA; mit diesen Tiere glückte ihm im Jahr 1926 auch schon die Welterstzucht. 1927 gelangten dann die ersten wilden Schwarzköpfchen nach Europa, worunter sich auch ein blaues Exemplar befand, dass vom Tierhändler Chapman in Tanganjika gefangen und an den Zoo London abgeben wurde. Dieses Männchen wurde schließlich mit einem grünen Weibchen verpaart. Aus deren spalterbigen Nachkommen wurde die Basis für die inzwischen weit verbreitete blaue Mutation beim Schwarzköpfchen geschaffen.
1928 vergrößerten sich die Importzahlen bereits erheblich und diese Agaporniden waren bald schon häufiger bei den Tierhändlern zu finden. Im gleichen Jahr gelang dem Züchter Rambausek die deutsche und dem Züchter Stäger die Schweizer Erstzucht. Aber auch in Australien gelang 1928 die erste Zucht.
Hierzulande machte die Eingewöhnung der Wildfänge aufgrund der europäischen Klimaverhältnisse zunächst jedoch einige Probleme, an die sich die nachgezogenen Schwarzköpfchen aber schon bald gewöhnten. Dennoch gelangten in den Jahren vor dem Zweiten Weltkrieg größere Stückzahlen dieser Vögel nach Europa, aus denen sich Zuchtbestände entwickeln konnten, die auch die schweren Kriegsjahre überstanden haben.

 Ein Schwarzköpfchen-Paar an seiner Nisthöhle.

Schwarzköpfchen erwiesen sich in Menschenobhut als sehr brutfreudig und demzufolge sind im Laufe der Zeit auch einige Haltungs- und Zuchterfahrungen in verschiedenen Publikationen veröffentlicht worden. Man erkannte schnell, dass diese Papageien zu den typischen Höhlenbrütern zählen und auch, dass sie Nistmaterial für ihre Brut benötigen.
Nisthöhlenvarianten wurden in zahlreicher Form angeboten, wobei Schwarzköpfchen hierbei tatsächlich nicht wählerisch zu sein scheinen.
Im Jahr 1960 erschien in der „Gefiederten Welt“ ein Bericht von dem deutschen Züchter E. Dippe. Bei ihm soll ein Paar Schwarzköpfchen zwischen den Sitzstangen ein frei stehendes Reisignest gebaut haben. Auch von Eiablagen und anschließenden Bruten auf dem Boden eines Käfigs wurde hin und wieder berichtet, jedoch ist dem Verfasser bislang noch keine Erfolgsmeldung solch ungeplanter Fortpflanzungsversuche übermittelt worden.
René Wüst beschreibt im Jahr 1997 seine Erfahrungen mit Schwarzköpfchen. Er hielt seine vier Paare mit Jungvögeln in einem Schwarm in einer Außenvoliere mit den Maßen 2 m Länge, 1 m Breite und 1,9 m Höhe; eine daran angeschlossene Innenvoliere maß 1,5 m Länge, 0,7 m Breite und 1,3 m Höhe. Im Winter wurde die Temperatur in der Innenvoliere auf 5 °C gehalten. Dennoch hielten sich seine Vögel selbst zur Winterzeit lieber in der Außenvoliere auf, die während dieser Zeit zum Schutz vor kalten Witterungseinflüssen mit Doppelstegplatten verkleidet wurde.
Wüst hat seinen Schwarzköpfchen Nistkästen mit den Maßen 20 cm Länge, 20 cm Breite und 30 cm Höhe angeboten. Der Nisthöhlenboden war mit mehreren Löchern versehen, unter dem sich eine Art Schublade befand, in der ein feuchtes Sand-Torf-Gemisch eingebracht wurde. Eine ausreichende Luftfeuchtigkeit während der Inkubation scheint bei den Schwarzköpfchen einen wesentlichen Aspekt für einen Zuchterfolg darzustellen. Darum brachte dieser Züchter seine Nistkästen auch in der Außenvoliere an. Wüst warnt bei einer geplanten Schwarmhaltung vor einem Überbesatz in unzureichend großen Unterkünften. Ansonsten würden sich schnell Aggressionen unter den Insassen zu kleiner Unterkünfte entwickeln.

Bodo Ochs berichtet im Jahr 1999 über seine Erfahrungen mit dem Schwarzköpfchen. Er reichte seinen Agaporniden zum Nestbau lediglich frische Weidenzweige ohne Blätter. Das Angebot an Nestbaumaterial stellte dieser Züchter auch nicht mit der Eiablage ein und auch während der Jungenaufzucht wurden vereinzelt Weidenzweige in die Unterkunft seiner Schwarzköpfchen gereicht. B. Ochs hält eine Vergesellschaftung von mehreren *Agapornis*-Arten für möglich, allerdings nur, wenn keine Vermehrungsabsichten durch den Züchter angestrebt werden, oder es werden nur bereits fest verpaarte Artgenossen gleichzeitig in die Unterkunft gesetzt. Er sieht eine niedrige Luftfeuchtigkeit nicht ausschließlich als Grund niedriger Schlupfraten beim Schwarzköpfchen an, sondern macht dafür eher angeborene Defekte bei den Zuchttieren oder andere krankheitsbedingte Ursachen verantwortlich. Jedoch rät er zur Bereitstellung einer Bademöglichkeit.

Auf die Möglichkeit einer Vergesellschaftung von Schwarzköpfchen mit anderen *Agapornis*-Arten geht im Jahr 1966 auch der deutsche Züchter Fritz Orth ein. Er beschreibt in seinem Bericht eine Haltung von fünf Paaren Schwarzköpfchen und fünf Paaren Rosenköpfchen in einer 7,8 m langen, 3,8 m breiten und 2,1 m hohen Außenvoliere mit daran angeschlossenem 2,8 m langen, 3,8 m breiten und ebenfalls 2,1 hohen Innenraum. F. Orth bot diesen Tieren auch die Möglichkeit zur Fortpflanzung. Im Innenraum wurden in gleicher Höhe und im Abstand von jeweils 50 cm die Nistkästen befestigt. Für Jungtiere wurden zusätzlich Schlafhöhlen in halber Höhe angebracht.

Erst Ende April beziehungsweise Anfang Mai wurden die zuvor in einer jeweils arteigenen Gruppe gehaltenen Vögel in die Gemeinschaftsvoliere gesetzt. Nistmaterial wurde täglich gereicht. Bei dieser Haltungsform kam dreimal über einen Zeitraum von vier Jahren zu ernsthaften Aggressionen mit Todesfolge. So kam es vor, dass plötzlich ein völlig normal scheinender Vogel von den anderen Volierenbewohnern verfolgt und innerhalb kürzester Zeit durch Bisse am Kopf getötet wurde. Zeitweise waren ungefähr 40 Vögel in dieser Voliere untergebracht. Während der Zeit kam es zur Bildung von jeweils ein oder zwei Mischlingspaaren, die aus Mangel an geeigneten artgleichen Partnervögeln entstanden sind. Die nichtartgleichen Paare wurden nach Beendigung der Zuchtsaison getrennt.

1989 berichtet der deutsche Züchter Klaus Burkhardt über ein Schwarzköpfchen mit einer gelben Haube auf dem Kopf, die sich durch einige aufgestellte Federn im Kopfgefieder darstellte.

Eckhard Lietzow beschreibt im Jahr 2009 die Haltung von Schwarzköpfchen in Zuchtkäfigen. Hierfür empfiehlt er Käfige mit den Maßen von mindestens 160 cm Breite, 70 cm Tiefe und 120 cm Höhe für ein Paar dieser Art. Da derartige Zuchtkäfige wohl ausschließlich in Innenräumen aufgestellt werden, sollte besonderer Wert auf eine ausreichende Beleuchtung und Belüftung gelegt werden. Bei dieser Haltungsform ist die Festlegung auf eine bestimmte Fortpflanzungszeit nicht erforderlich, denn Schwarzköpfchen schreiten hierzulande zu jeder Jahreszeit zur Brut.

Durch eine gute Zuchtvorbereitung bringt E. Lietzow seine Schwarzköpfchen allmählich in Brutstimmung. Dazu gehört eine langsame Umstellung beziehungsweise Erweiterung des Nahrungsangebots. Das sonst zwar auch ganzjährig bereitgestellte Angebot von Obst, Beeren, Gemüse und Grünfutter wird mit Beginn der Zuchtsaison noch einmal gesteigert und Keimfutter wird dann täglich gereicht. Später werden schließlich die Nistkästen in den Zuchtkäfigen angeboten.

Das Gelege bestand bei seinen Schwarzköpfchen stets aus vier bis sechs Eiern, die im Durchschnitt 23,3 x 17,3 mm groß waren. Eine anschließende Vergesellschaftung des Nachwuchses, entweder weiterhin mit den Eltern gemeinsam oder als Jungvogelgruppe in einer Unterkunft, hält dieser Autor zur Entwicklung des Sozialverhaltens für ratsam.
In den bislang veröffentlichten Zuchtberichten wird immer wieder erwähnt, dass das Schwarzköpfchen eine sehr leicht zu züchtende Papageienart ist, die durchaus auch Anfängern zum Sammeln erster Erfahrungen mit der Gattung *Agapornis* empfohlen werden kann.

Haltungserfahrungen des Verfassers

Die eigenen Erfahrungen ergaben sich aus der Haltung von drei Paaren Schwarzköpfchen in den Jahren von 1996 bis 2000. Der kleine Schwarm wurde ganzjährig in einer 6 m langen, 2 m breiten und 2 m hohen Außenvoliere mit daran angeschlossenem Schutzraum, der 2 m lang, 2 m breit und 2,3 m hoch war, untergebracht.
Zur besseren Unterscheidung der sechs Schwarzköpfchen waren alle Vögel mit unterschiedlichen Farbringen markiert, wodurch sich die jeweilige Verpaarung der Vögel sicher feststellen ließ. Hierbei stellte sich schnell heraus, dass Unzertrennliche nicht immer auch wirklich „unzertrennlich" sind. Nur ein einziges Paar blieb sich über diesen Zeitraum von vier Jahren treu, die anderen beiden Paare tauschten während dieser Zeit zweimal ihren Partner.

Immer nach zwei Jahresbruten legten die Paare während der Winterzeit eine Ruhephase ein. Dies geschah unfreiwillig, denn Schwarzköpfchen würden, wenn sie die Gelegenheit dazu hätten, auch mehr als zwei Bruten pro Jahr realisieren. Zur Zwangspause wurden lediglich die Nisthöhlen aus der Unterkunft entfernt. Im zeitigen Frühjahr begannen die Vögel bereits bei den ersten Sonnenstunden aktiver zu werden; es wurde deutlich, dass die Sonnenstrahlung bereits einen großen Einfluss auf das Fortpflanzungsgeschehen der Schwarzköpfchen haben. Jedoch erst gegen Ende April wurden dann die Nistmöglichkeiten in der Unterkunft angebracht. Zuvor wurde weiterer Einfluss auf die bevorstehende Brutsaison genommen, indem das Futterangebot erweitert wurde. Am gleichen Tag, an dem die Nistkästen in der Innenvoliere angebracht worden sind, wurde auch Nistmaterial gereicht. Hierfür wurden täglich frische Weiden- und Obstbaumzweige angeboten. Die Auswahl der passenden Nistmöglichkeit vollzog sich bei den Schwarzköpfchen relativ schnell, manchmal kam es zu kleineren Streitereien um einen Nistkasten, der sich aber bald legte. Einige Stunden später konnte dann immer schon beobachtet werden, wie die ersten Rindenstreifen von den Weibchen im Schnabel in die Nisthöhle transportiert wurden. Nistmaterial musste zunächst täglich angeboten werden.
Alle Schwarzköpfchen-Weibchen bauten in den etwas größeren hochformatigen Wellensittich-Nistkästen ein kobelartiges Nest. Etwa drei bis vier Wochen nach der

Schwarzköpfchen weisen ein kontrastreiches Gefieder auf.

Bereitstellung der Nistkästen wurde bereits das erste Ei gelegt.
Die Männchen hielten sich zumeist in der Nähe der Niststätte ihrer Weibchen auf; immer wenn diese das Gelege und später auch die Jungvögel verließen, wurden sie durch ihren Partner begleitet. Während der Zeit außerhalb der Brutstätte tranken die Weibchen, nahmen etwas Futter auf und pflegten ihr Gefieder. Das Männchen agierte dann sehr aufgeregt in unmittelbarer Nähe des Weibchens; es versuchte durch kopfnickende Bewegungen das Weibchen dazu zu animieren, sich von ihm füttern zu lassen, was in der Regel schnell zum Erfolg führte. Kurz danach begab sich das Weibchen wieder in die Nisthöhle.
Ein vollständiges Gelege besteht in der Regel aus vier bis sechs Eiern. Die Inkubationszeit ist nach den Aufzeichnungen des Verfassers nach 22 bis 23 Tagen beendet, dann schlüpft der erste Jungvogel des Geleges. Sollten alle Eier befruchtet sein und es zum Schlupf aller Jungvögel kommen, dann ist jeden zweiten Tag mit einem weiteren Küken zu rechnen.
Die jungen Schwarzköpfchen sind zunächst mit nur spärlichem Flaum bedeckt. Etwa sieben Tage nach dem Schlupf des ersten Jungvogels hat sich auch das Männchen in die Nisthöhle begeben und beteiligte sich offensichtlich ab dann direkt an der Aufzucht des Nachwuchses. Die Augen öffnen sich nach zehn bis elf Tagen. Je nach dem Entwicklungsstand können die Jungvögel im Alter von zehn bis 14 Tagen mit einem geschlossenen Fußring gekennzeichnet werden. Sind die Jungvögel dann etwa 20 Tage alt, schieben sich die ersten Federkiele durch die Haut.

Die drei Zuchtpaare des Verfassers erwiesen sich stets als zuverlässige Eltern, woraus sich ein schnelles Wachstum ihres Nachwuchses ergab. Im Alter von ungefähr 30 Tagen sind die Jungvögel nahezu vollständig befiedert und eine Woche später verlassen sie – anfänglich etwas unbeholfen in ihren Flugbewegungen – die bis dahin schützende Höhle. Häufig enden erste Flugversuche noch auf dem Boden oder am Drahtgeflecht der Außenvoliere. Die jungen Schwarzköpfchen wirkten in den ersten beiden Tagen darum noch etwas hilflos und wurden in dieser Zeit gern von den anderen beiden Männchen aufgesucht, die immer wieder versuchten, den

jungen Schwarzköpfchen in die Füße zu beißen. Mitunter vertrieben die Eltern die fremden Artgenossen aus der Nähe ihres Nachwuchses.
Ungefähr zwei Wochen nach dem Ausfliegen konnen die Jungvögel bereits als selbstständig bezeichnet werden; sie betteln ihre Eltern dann zwar noch um Futter an, werden von ihnen aber immer mehr ignoriert. Oft dauerte es nicht lange, bis das Weibchen erneut damit beschäftigt war, weiteres Nistmaterial in die Höhle zu tragen und den beschriebenen Brutverlauf zu wiederholen.
Nur zwei Jahresbruten sollten dem Weibchen zugemutet werden, um es nicht zu sehr zu schwächen und auch die Jungvögel bei guter Kondition zu halten.

Anmerkung

Importierte Schwarzköpfchen erwiesen sich sehr schnell als äußerst fortpflanzungswillige Vögel, die mit neuen Farbmutationen auch rasant den Vogelmarkt eroberten. Heute gilt diese Spezies als eine der häufigsten *Agapornis*-Arten in Menschenhand und kann ohne Zweifel jedem Anfänger in der Vogelzucht wärmstens empfohlen werden. Allerdings besitzt die Zucht von Schwarzköpfchen in der Gegenwart kaum noch Artenschutzrelevanz. Unter den Tausenden auf dem Vogelmarkt erhältlichen Schwarzköpfchen sind ohne Zweifel nur noch sehr wenige Tiere, die artenrein und rein wildfarben ihrem Wildtyp aus den Savannen Ostafrikas gleichen.

Schwarzköpfchen zählen ebenfalls zu den verträglichen Vögeln.

Die Zucht zu Schauzwecken und die daraus resultierenden mitunter übertriebenen Standardbeschreibungen haben auch bei dieser Papageienart dafür gesorgt, dass kaum noch „reine“ Schwarzköpfchen zu bekommen sind. Zu einem sehr großen Teil trugen zu dieser Misere auch die vielen Mutationsformen und Mischlingszuchten bei. Will man den Artenschutzgedanken auch bei dieser *Agapornis*-Art wieder aufleben lassen, müssten die vorhandenen phänotypisch dem Wildtyp entsprechenden Tiere separiert und gezielt vermehrt werden. Hierbei bedarf es der Ehrlichkeit der Züchter, denn auch spalterbige Exemplare sollten bei solch einem Vorhaben ausgesondert werden.
Außerdem müssten phänotypische Wildvögel stets mit ihren Verwandten aus dem ostafrikanischen Raum verglichen werden, was gegenwärtig nur an Sammlungsstücken aus den naturhistorischen Museen auf der ganzen Welt realisierbar erscheint. Selbstverständlich müssen insbesondere Messungen an den Bälgen vorgenommen werden, die auch am lebenden Individuum reproduzierbar sind. Innerhalb der Variationsbreite derartiger Messungen müssen sich stets auch die separierten Schwarzköpfchen bewegen. Sind Zuchtvögel kleiner oder größer, können diese nicht für weitere Artenschutzbemühungen Verwendung finden. Hier bieten sich also zahlreiche Möglichkeiten für den engagierten Züchter, wenn geeignete Tiere vorhanden sind.

Pfirsichköpfchen
Agapornis fischeri
(Reichenow, 1887)

Beschreibung

Das Pfirsichköpfchen besitzt eine grüne Grundgefiederfärbung. Die Stirn, die Zügel, die Wangen und die Kehle sind orangerot. Diese orangerote Färbung geht auf der Brust in ein Orangegelb über, woran sich der grüne Bauch anschließt. Die Unterschwanzdecken sind ebenfalls grün, besitzen aber einen leicht bläulichen Schimmer. Auf der Schwanzunterseite zeigt das Pfirsichköpfchen eine hellblaugrünliche Färbung. An die orangerote Färbung des Oberkopfes schließt sich eine olivgrünbräunliche Hinterkopffärbung an, die im Genick etwas aufhellt. Der Rücken ist wiederum grün. Der Bürzel und die Oberschwanzdecken sind durch ein mit Grau durchsetztes Dunkellila geprägt. Die oberen Schwanzfedern sind grün und weisen grünbläuliche Spitzen auf. Die übrigen Schwanzfedern besitzen eine grüne Basis, woran sich ein schwarzes Band und eine grünbläuliche Spitze anschließt. Die Flügeloberseite ist von einem etwas dunkleren Grün geprägt; der Flügelrand ist gelblich grün und die Handschwingen sind grün mit schwarzbraunen Innenfahnen. Die kleinen Unterflügeldecken sind ebenfalls grün.
Einen unbefiederten weißen Augenring besitzt auch das Pfirsichköpfchen. Der Schnabel ist komplett rot und die Füße sind graubraun gefärbt, die Krallen sind

dunkelgrau. Männchen und Weibchen dieser Art sind gleich gefärbt.
Junge Pfirsichköpfchen sind blasser gefärbt. Der rote Schnabel weist noch eine dunkle Basisfärbung auf.

Systematik

Unter den vier *Agapornis*-Arten mit den weißen Augenringen ist das Pfirsichköpfchen die wohl bekannteste Art. Das Pfirsichköpfchen hat engste verwandtschaftliche Beziehungen zu Schwarz-, Ruß- und Erdbeerköpfchen; diese vier Arten wurden vor einigen Jahren noch als vier Unterarten dem Schwarzköpfchen *A. personatus* zugeordnet.
Das Pfirsichköpfchen wurde 1887, neben dem Schwarzköpfchen, ebenfalls von Anton Reichenow wissenschaftlich beschrieben. Durch Gustav Adolf Fischer gelangten auch von dieser Art drei weibliche Exemplare in das Naturkundemuseum Berlin, die in Ussure, Tansania, erlegt wurden. Die Erstbeschreibung erfolgte durch Reichenow 1887 im Journal für Ornithologie auf der Seite 54 unter dem Titel *„Dr. Fischers Ornithologische Sammlungen"*.
Das Typus-Exemplar, nach dem diese Art durch Anton Reichenow beschrieben wurde, befindet sich in der Sammlung des Zoologischen Museums Berlin (Naturkundemuseum).

Pfirsichköpfchen sind attraktiv gefärbte Vögel.

Gesamtlänge: *14 bis 15 cm*
Gewicht: *30 bis 36 g*
Geschlechtsunterschiede: *Männchen und Weibchen sind gleich gefärbt*
Gelegegröße: *4 bis 6 Eier*
Brutdauer: *21 bis 23 Tage*
Nestlingszeit: *35 bis 37 Tage*
Gesetzesstatus: *WA II / B (von der Anzeigepflicht ausgenommen)*
Beringung: *4,5 mm-Ring (keine Beringungspflicht, eine Beringung wird jedoch empfohlen)*

Den wissenschaftlichen Namen *fischeri* erhielt diese Spezies zu Ehren ihres Entdeckers Gustav Adolf Fischer.

Verbreitung und Freileben

Agapornis fischeri (Reichenow, 1887): Nord-Zentral-Tansania.

Heute geht man davon aus, dass größere Ansammlungen von Pfirsichköpfchen nur

noch um Ndutu und im Serengeti-Nationalpark anzutreffen sind. Kleinere Populationen kommen hingegen lokal in dem genannten Verbreitungsgebiet vor. In der Vergangenheit wurde über Populationen in Burundi und Ruanda berichtet. In Kenia gesichtete Vögel, die dort Schwärme aus entflogenen oder auch ausgesetzten Pfirsichköpfchen bildeten, vermischen sich in einigen Gegenden mit ebenfalls zuvor in Menschenobhut gehaltenen Schwarzköpfchen. Auch in Südost-Frankreich existiert eine lebensfähige Population von Hybriden mit dem Schwarzköpfchen.
Am Manyara-See im nordöstlichen Tansania treffen die Verbreitungsgebiete von Pfirsich- und Schwarzköpfchen aufeinander; in dieser Gegend verpaaren sich ebenfalls Individuen beider Spezies miteinander. Diese Mischzone versucht man gegenwärtig mit dem Wegfall ökologischer Barrieren und dem zum Teil nomadischen Verhalten dieser beiden *Agapornis*-Spezies zu erklären.

Der berühmte Afrikaforscher Emin Pascha hat das Pfirsichköpfchen zum Zeitpunkt seiner letzten Afrikareise bei Usongo im Tabora-Distrikt und bei Busisi am Südufer des Victoria-Sees entdeckt. Emin Pascha gibt an, dass das Pfirsichköpfchen einer der typischsten Vögel dieser Gegenden ist. *„Selten durchzieht man ein Gehölz, ohne einigen Paaren oder kleinen Gesellschaften von 3 bis 4 Stücken zu begegnen, die unter feinem, nicht so grellem Schreien, wie es A. pullarius hören lässt, ziemlich hoch, schnurrend und in gerader Linie fliegen. Auch auf der Erde machten diese Papageien sich viel zu thun. Im Magen fand ich ausschliesslich feine Grassamen, die sie jedenfalls von der Erde aufgesammelt hatten.“*

In der Gegenwart weiß man bereits etwas mehr über diese Art. Das Pfirsichköpfchen bewohnt das gleiche Habitat wie sein enger Verwandter das Schwarzköpfchen. Dies sind vornehmlich die Trockensavannen, in denen vereinzelt Akazien *(Acacia)*, Baobabs *(Adansonia)* und Myrrhe-Gewächse *(Commiphora)* vorkommen. Aber auch auf kultivierten Flächen, auf denen Palmyrapalmen *(Borassus flabellifer)* angepflanzt wurden, ist das Pfirsichköpfchen zu finden. Ihr Vorkommen erstreckt sich in ihrem natürlichen Verbreitungsgebiet zwischen 1100 und 1700 Meter Höhe. In Kenia sind diese Vögel in Höhenlagen bis zu 2200 Meter anzutreffen. Das Verbreitungsgebiet umfasst eine Fläche von ungefähr 136.000 km². Auenwälder, die von Feigen- *(Ficus)*, Kreuzdorn- *(Ziziphus)* und Mangostangewächsen *(Garcinia)* bestimmt sind, aber auch von Pflanzen aus der Gattung *Aphania* und *Eckbergia*, sind wichtige Lebensräume für die Pfirsichköpfchen während der Trockenzeit. Hier sind Pfirsichköpfchen in Gruppengrößen von zehn bis 20 Individuen anzutreffen.
Der Tagesablauf dieser Vögel gestaltet sich folgendermaßen: Am frühen Morgen fliegen die Pfirsichköpfchen zunächst zu den nahe gelegenen Wasserstellen, um dort ihren Durst zu stillen. Danach begeben sie sich auf Nahrungssuche. Ihre Nah-

rung, die sich vornehmlich aus Samen zusammensetzt, nehmen diese Vögel vornehmlich vom Erdboden auf. Akaziensamen werden aber auch direkt von den Bäumen gefressen. Früchte, Beeren und Blattknospen und wahrscheinlich auch Insekten zählen ebenfalls zum Nahrungsspektrum dieser Agaporniden. Sehr zum Ärger der einheimischen Bevölkerung finden sich diese Vögel zur Reifezeit des Getreides in Hirsekulturen ein.
Während der Mittagszeit ruhen die Pfirsichköpfchen im Schatten belaubter Bäume und pflegen ihr eigenes oder das Gefieder ihres Partners.
Am Nachmittag folgt dann noch einmal eine Phase der Nahrungsaufnahme, nach der die Agaporniden nochmals eine Wasserstelle anfliegen, bevor sie sich vor Einbruch der Dunkelheit zu ihren Übernachtungsplätzen begeben.

Die Fortpflanzungszeit erstreckt sich über die Monate Januar bis April und Juni bis Juli. Als Nistplätze werden von den Pfirsichköpfchen Höhlen bevorzugt, die sie in abgestorbenen Bäumen oder in abgestorbenen Ästen noch lebender Bäume finden. Etwa 2 bis 15 m über dem Erdboden befinden sich in der Regel die Höhleneingänge. Aber auch in vorhandenen Rissen abgestorbener Bäume oder in Felsspalten wurden schon Nester gefunden.
Oft erweisen sich Pfirsichköpfchen als Koloniebrüter, so sind in einigen Bäumen bis zu zehn Höhlen gefunden worden, die von Pfirsichköpfchen-Weibchen gleichzeitig zur Brut oder Aufzucht von Jungvögeln ge-

Auch in Tansania brüten mehrere Weibchen in einem Brutbaum auf kürzester Distanz.

nutzt wurden. In bewohnten Gegenden nutzen diese Papageien auch Gebäudenischen als Brutstätte. Weiterhin gibt es Berichte, dass Pfirsichköpfchen in den Nestern von Rotschwanzwebern *(Histurgops ruficauda)* brüteten.

Status und Bedrohung im Freiland

Bestandserfassungen haben bei dieser Spezies in der Vergangenheit nicht stattgefunden; aufgrund des ungefähr 136.000 km^2 großen Verbreitungsgebietes dürfte sich eine nahezu genaue Zählung auch als schwierig erweisen. Laut IUCN wird der Bestand des Pfirsichköpfchens in seinem Heimatgebiet als potenziell bedroht (= near threatened) eingestuft und befindet sich demzufolge in der Vorwarnliste der gefährdeten Arten und ist neben dem Ruß- und Erdbeerköpfchen die *Agapornis*-Art, die in ihrem Bestand am meisten bedroht ist. Derzeit wird das Pfirsichköpfchen noch im Anhang II des Washingtoner Artenschutzübereinkommens (CITES) geführt.
Die Bestandsschätzungen resultieren im Wesentlichen aus den Freilanduntersuchungen von David C. Moyer und seinem Forscherteam aus dem Jahr 1993. Der größte Teil des Freilandbestandes lebt heute in geschützten Gebieten, wo die Art mehr oder weniger noch regelmäßig anzutreffen ist. Außerhalb der Naturschutzgebiete sind Sichtungen dieser Spezies bereits wesentlich seltener; hier ging der Fang von Pfirsichköpfchen für den Export hauptsächlich vonstatten.

Nach einer Datenanalyse mit dem Programm Distance sind nach Moyer gegenwärtig noch geschätzte 290.205 bis 1.002.210 Pfirsichköpfchen in Tansania vorhanden. Diese Forschungsarbeit wurde seinerzeit durch die IUCN in Auftrag gegeben und die Zahlen folglich auch von der IUCN übernommen. Moyer schätzte auch ein, dass zwischen 1982 und 1992 etwa 1.000.000 Pfirsichköpfchen für den Vogelhandel gefangen worden sind. Somit resultieren die Bestandsreduzierungen innerhalb der vergangenen Jahrzehnte aus dem Fang für die Vogelliebhaber auf der ganzen Welt. Zu Zehntausenden wurden diese Vögel jährlich gefangen und außer Landes gebracht.

Von diesen drastischen Fangaktionen konnten sich die Pfirsichköpfchen offensichtlich bis zur Gegenwart nicht erholen; so wird die Bestandsentwicklung laut IUCN derzeit immer noch mit „abnehmend“ bezeichnet. Die Fangzahlen sind aufgrund des europäischen Importstopps für Wildvögel zwar deutlich zurückgegangen, dennoch könnten weitere Exporte in naher Zukunft für die Einstufung in eine noch höhere Gefährdungskategorie führen.
Außerdem werden Pfirsichköpfchen auch als Ernteschädlinge verfolgt. Welchen Einfluss diese menschlichen Aktionen auf die gegenwärtige Bestandentwicklung nehmen, ist momentan nicht einzuschätzen. Als Käfigvögel finden Pfirsichköpfchen in ihrer Heimat keine Beachtung.

Status in Menschenobhut

Das Pfirsichköpfchen war einst die am häufigsten importierte Papageienart weltweit. So sind beispielsweise im Jahr 1987 insgesamt etwa 88.000 Tiere aus Tansania exportiert worden. Allein in die Bundesrepublik Deutschland gelangten über den Zeitraum von 1984 bis 1991 insgesamt 23.233 lebende Individuen dieser Spezies aus Tansania in den Handel. 1.537 Pfirsichköpfchen müssen dieser Summe noch hinzugezählt werden, die von 1986 bis 2008 über Drittländer in die Bundesrepublik Deutschland eingeführt wurden. Diese Zahlen sind den entsprechenden Jahresstatistiken des Bundesministeriums für Umwelt, Naturschutz und Reaktorsicherheit entnommen worden.

Erstaunlich ist ganz besonders bei dieser überaus häufig importierten Vogelart, dass 565 Exemplare von 1986 bis 1994 aus Serbien und Montenegro und 663 Pfirsichköpfchen von 1992 bis 1996 aus Südafrika nach Deutschland gelangten. Somit wurden in den Hauptimportjahren 1984 bis 1991 insgesamt 23.801 Vögel dieser Art importiert, woraus sich für diesen Zeitraum eine Importrate von 2.975 Tieren pro Jahr ergibt.

Allein diese Zahlen belegen, dass es sich bei dem Pfirsichköpfchen um eine sehr häufig in Menschenobhut gehaltene Papageienart handelt. Nicht nur in Privathand sind diese Vögel eine häufige Erscheinung, auch in 42 deutschen Zoos und in 57 weiteren Einrichtungen dieser Art in Europa

Pfirsichköpfchen wurden vor einigen Jahren noch zu Tausenden importiert

und dem Nahen Osten werden Pfirsichköpfchen gehalten (zootierliste.de, Stand 1.4.2013).

Laut den Nachzuchtstatistiken der AZ wurden von 2000 bis 2012 insgesamt 21.753 Pfirsichköpfchen gezüchtet. Die VZE hatte in den Jahren 2000, 2002 und 2008 zusammen 1.597 Individuen in den Nachzuchtstatistiken aufgeführt. In dem Europäischen Erhaltungszuchtprojekts für die *Agapornis*-Spezies (EPPAS) wurden für die Jahre 2010 bis 2012 nur 33 Pfirsichköpfchen als Nachzuchtvögel registriert. Hier ist die geringe Meldung an kaum noch vorhandene artenreine und mutationsfreie Vögel gebunden, was sehr bedauerlich stimmt, wenn man die hohen Importzahlen der zurückliegenden Jahre betrachtet.

Mischlinge, wie auf diesem Bild zu sehen, sind unter den Pfirsichköpfchen weit verbreitet.

Erste Haltungserfahrungen und bisherige Bruterfolge

Die Welterstzucht des Pfirsichköpfchens soll dem Züchter Painter aus den USA im Jahr 1925 gelungen sein. Erst zwei Jahre später gelangten die ersten lebenden Vögel dieser Art nach Deutschland und kurze Zeit später dann auch hier die Erstzucht. Beachtliche Erfolge hatte gleich in den Anfangsjahren nach dem deutschen Erstimport der Zoologische Garten Berlin zu verzeichnen; dort wurde 1931 berichtet, dass 68 Pfirsichköpfchen gezüchtet worden sind. Wie viele Elterntiere für diesen Zuchterfolg verantwortlich waren, ist dem Verfasser nicht bekannt.
Auch der damalige Agaporniden-Experte Helmut Hampe widmete sich in den späten 1920er-Jahren der Haltung und vor allem der Erforschung dieser Spezies. Trotz all dieser Erfolge in Deutschland gelang die europäische Erstzucht im Jahr 1926 jedoch Herbert Whitley im Paignton Zoo. Es dauerte danach nicht lange, bis die ersten gelben und blauen Pfirsichköpfchen unter den nachgezüchteten Vögeln auftauchten und diese Vögel dann auch für die Mutationszucht interessant wurden. Insbesondere bei den blauen Mutationen vermuten Fachleute, dass diese Farbvariante als sogenannte Transmutation und somit durch Einkreuzungen von blauen Schwarzköpfchen auf das Pfirsichköpfchen übertragen wurde. In einem Fachbuch von Horst Biel-

feld aus dem Jahr 1981 wird eine solche Übertragung von Mutationen des Schwarzköpfchens auf das Pfirsichköpfchen sogar empfohlen!

Seit der Einfuhr erwiesen sich Pfirsichköpfchen als überaus brutfreudige Papageien und werden häufig als sehr einfach in der Zucht bezeichnet. In den 1950er-Jahren erwähnten Autoren mitunter sogar Absatzschwierigkeiten mit Nachzuchten dieser Tiere. Zu dieser Zeit wurde das Pfirsichköpfchen aber auch für die Forschung interessant. Der amerikanische Ornithologe William C. Dilger arbeitete zur vergleichenden Ethologie der *Agapornis*-Arten. In den frühen 1960er-Jahren folgte der Schweizer Verhaltensbiologe Roger Alfred Stamm mit seiner Forschungsarbeit zum Paarverhalten der Pfirsichköpfchen.
Die bekannte englische Papageien-Kennerin Rosemary Low aus Großbritannien schreibt im Jahr 1983, dass Pfirsichköpfchen dazu neigen, den Nachwuchs bereits im Nistkasten zu rupfen. Tatsächlich scheint dieses Verhalten bei einem gewissen Teil der Vögel verbreitet zu sein und die Ursachen dafür sind bislang nicht eindeutig ermittelt. R. Low rät in solchen Fällen zum Anbringen eines zweiten Nistkastens, in dem das Weibchen ein weiteres Gelege zeitigt. Sie vermutet, dass die Jungvögel in einigen Fällen gerupft werden, weil das Weibchen den Nachwuchs in der Bruthöhle für die neuerliche Brut als störend betrachtet.
Im Jahr 1997 geht auch B. Ochs aus Hohenstein auf das Rupferproblem bei den Pfirsichköpfchen ein. Als Ursachen dafür gibt dieser Autor einen eventuell nicht synchronen Brutrhythmus, ein nicht harmonierendes Paar, Langeweile, Aggressionen und so weiter an. Er empfiehlt bei einer geplanten Gruppenhaltung zu Zuchtzwecken das gleichzeitige Einsetzen aller Vögel in die Voliere sowie die Bereitstellung einer ausreichenden Anzahl von Nistmöglichkeiten. Eine ausgewogene Ernährung bezeichnet er weiterhin als wesentliche Voraussetzung für den Bruterfolg. Nach dem Ausfliegen duldeten seine weiblichen Pfirsichköpfchen den eigenen Nachwuchs nicht mehr in der Nisthöhle, da die Weibchen sofort mit einer neuerlichen Brut begannen. Die ausgeflogenen, aber noch nicht selbstständigen Jungvögel wurden bis zur Selbstständigkeit zwar noch von den Männchen gefüttert, aber bald darauf schon als Konkurrenten verfolgt.

Werner Lantermann berichtete im Jahr 2000 über seine Erfahrungen mit der Gruppenhaltung von Pfirsichköpfchen aus dem Jahr 1999. Drei Männchen und fünf Weibchen wurden von Beginn dieser als Langzeitstudie konzipierten Haltungsform miteinander vergesellschaftet. Untergebracht wurden die acht Vögel in einer Voliere mit einer Grundfläche von 2 m Länge, 3 m Breite und 2 m Höhe, der sich zwei beheizbare Schutzräume mit den Maßen 1 m Länge, 1 m Breite und 2 m Höhe anschlossen. Der Gruppe wurden insgesamt vier querformatige Nistkästen, die in einem Abstand von 30 cm nebeneinander unter

der Überdachung in der Außenvoliere angebracht wurden, angeboten.
Kurze Zeit nach dem Einsetzen der Pfirsichköpfchen in die neue Voliere begannen die Vögel, sich für die Nistkästen zu interessieren und Nistmaterial einzutragen. Die drei Männchen schlossen sich drei weiblichen Tieren an und die beiden übrig gebliebenen Weibchen widmeten sich ebenfalls gemeinsam dem Nestbau. Insgesamt 22 Eier wurden von den Weibchen gelegt, darunter befanden sich elf unbefruchtete Eier des gleichgeschlechtlichen Paares. Sechs Jungvögel wurden selbstständig.
Bei der zweiten Brutperiode wurden insgesamt 17 Eier gelegt, wobei ein Paar nicht mehr zur Brut schritt. Acht Eier wurden durch das gleichgeschlechtliche Paar gezeitigt; erstaunlich ist, dass aus diesen acht Eiern zwei Jungvögel schlüpften, die allerdings nur wenige Tage alt wurden. Folglich muss eines der beiden „verpaarten" Weibchen von einem der drei Männchen begattet worden sein. Aus den Zweitgelegen ist im Jahr 1999 kein einziger Jungvogel erwachsen geworden. Die Studie wurde in den Folgejahren fortgeführt und widmete sich vornehmlich der Sozialstruktur dieser Pfirsichköpfchen-Gruppe.

Haltungserfahrungen des Verfassers

Nachdem erste Erfahrungen mit Rosenköpfchen gesammelt wurden, sind von dem Verfasser im Frühjahr 1980 insgesamt zwei Paare Pfirsichköpfchen angeschafft worden, die bis zum Oktober 1982 gehal-

Naturstammnisthöhlen werden von Pfirsichköpfchen als Bruthöhle sehr gern angenommen.

ten wurden. Es handelte sich bei den angeschafften Tieren um einjährige Exemplare, die im Jahr der Anschaffung bereits zur Brut schreiten sollten. Untergebracht wurden die Pfirsichköpfchen in einer Voliere direkt neben einer Gruppe Rosenköpfchen. Die Außenvoliere hatte eine Länge von 4 m, eine Breite von 2 m und eine Höhe von ebenfalls 2 m; der angeschlossene Schutzraum hatte eine Grundfläche von 1,5 m Länge und 2 m Breite bei einer Höhe von 2,2 m. Eine Heizung war im Innenraum nicht vorhanden. Die Nisthöhlen wurden den Pfirsichköpfchen im Schutzraum aber auch in der zum Teil überdachten Außenvoliere angeboten. Die Nistkästen waren etwas größer als Wellensittich-Nistkästen im Hochformat; zwei befanden sich zunächst im Schutzraum und zwei in der Außenvoliere.
Bereits einen Tag nach dem Bezug der neuen Unterkunft waren die beiden Nistkästen in der Außenvoliere besetzt; die beiden Nisthilfen im Innenraum wurden nicht beachtet. Als Nistmaterial wurden den Pfirsichköpfchen täglich frische Weide und mitunter auch dünne Obstbaumzweige gereicht. Von den Zweigen wurde die Rinde in schmale Streifen abgeschält und im Schnabel von dem Weibchen in die Nisthöhle transportiert. Außerdem erhielten die Vögel zu dieser Zeit auch halbreife Samenstände einheimischer Gräser, deren dünne Halme ebenfalls für den Nestbau verwendet wurden. Die Nistkästen wurden fast komplett mit diesen Pflanzenteilen ausgekleidet, sodass ein kobelartiges Nest entstand.
Immer länger verweilten die Weibchen schließlich im Kasteninneren; die Männchen hielten sich während dieser Zeit sehr häufig auf dem Nistkasten oder auf der Anflugstange vor dem Schlupfloch auf. Bemerkenswert war, dass das erste Weibchen erst fünf Wochen nach der Bereitstellung der Nistmöglichkeiten das erste Ei legte; das zweite Weibchen folgte damit weitere vier Tage später. Weibchen 1 legte insgesamt fünf Eier und Weibchen 2 schließlich vier Eier. Nach einer Brutzeit von 22 bis 23 Tagen schlüpften beim Verfasser die jungen Pfirsichköpfchen.

Anfangs ist die orangerote Haut der Frischgeschlüpften nur spärlich mit gleichfarbigem Flaum bedeckt. So müssen die Weibchen auch in den ersten Lebenstagen für ständige Wärme im Nest sorgen, bis das Dunenkleid dichter wird und der Nachwuchs im Alter von etwa drei Wochen vollständig bedunt ist. In diesem Alter haben sich dann auch schon die ersten Federkiele an den Flügeln gebildet und sind durch die Haut gebrochen.
Zuvor jedoch, im Alter von etwa zehn bis 14 Tagen, können die Jungvögel mit einem geschlossenen Fußring gekennzeichnet werden. Im Alter von zwölf Tagen öffnen sich die Augen der jungen Pfirsichköpfchen.

Die Nestlinge durchlaufen eine schnelle Entwicklung; im Alter von ungefähr 35 Tagen sind die Jungvögel nahezu vollständig befiedert und verlassen dann bereits flugfähig die Nisthöhle.

Anfangs sind die ersten Flugversuche noch sehr unsicher. Da die gerade ausgeflogenen Jungvögel nicht selten von anderen Gruppenmitgliedern in die Füße gebissen werden, ist man gut beraten, sie in den ersten Tagen wieder zurück in den Nistkasten zu setzen. Bald sind die Jungvögel aber nur noch außerhalb der Bruthöhle zu sehen und dann gelingt es ihnen auch schon, sich aus dem Gefahrenbereich der beißenden Artgenossen zu entfernen. Im Alter von etwa 50 bis 55 Tagen nehmen die Jungvögel allein Nahrung zu sich und können dann als selbstständig bezeichnet werden.

In den zwei Jahren Pfirsichköpfchen-Haltung wurden von den beiden Zuchtpaaren des Verfassers insgesamt 19 Eier legt, wobei jährlich stets nur zwei Jahresbruten zugelassen wurden. Aus den 19 Eiern schlüpften insgesamt 13 Jungvögel; vier Eier waren unbefruchtet und zwei Jungvögel starben kurz vor dem Schlupf ab.
Bei einem Paar wurden die frischen Federkiele von den Jungvögeln der ersten Brut, vermutlich durch das Weibchen, gerupft; nur die Kopf-, Schwanz- und Flügelfedern entwickelten sich ohne Beeinträchtigung. Die betreffenden drei jungen Pfirsichköpfchen mussten schließlich dem anderen Weibchen zur Ammenaufzucht anvertraut werden, die zur gleichen Zeit ebenfalls vier Jungvögel aufzog. In der nachfolgenden Brut gingen die bis dahin verpaarten Vögel eine neue Partnerschaft ein und das Rupfproblem trat anschließend nicht mehr auf.

Ein Paar Pfirsichköpfchen bei der Kopulation.

Anmerkung

Bedenkt man, dass das Pfirsichköpfchen noch vor relativ kurzer Zeit zu den am häufigsten importierten Vogelarten überhaupt zählte, macht die Entwicklung dieser Vögel über den Zeitraum ihrer Haltungsgeschichte äußerst nachdenklich. Mischlinge und Mutationen sind bei in Menschenobhut gehaltenen Exemplaren dieser Art äußerst häufig vertreten und wieder andere werden nach festgeschriebenen Standards für die Bewertungsschauen großer Vogelzuchtverbände gezüchtet.

Dem phänotypischen Wildvogel gleichende Individuen besitzen heutzutage bereits Seltenheitscharakter, aber es gibt sie noch! Die Situation wird sich in den kommenden Jahren keinesfalls ändern, denn die weiterhin ausbleibenden Importe werden den beschriebenen Trend weiter verstärken. Selbst wenn es einmal gelingen sollte, wieder Wildvögel in wesentlich kleineren Stückzahlen zu importieren, dürfen diese Exemplare keinesfalls mit den vorhandenen Beständen in Züchterhand vermengt werden. Ein gut durchdachtes Zuchtmanagement wäre in solch einem Fall vonnöten, das den Fortbestand solch artenreiner und mutationsfreier Exemplare in Menschenobhut sichern hilft.

Erdbeerköpfchen
Agapornis lilianae
(Shelley, 1894)

Beschreibung

Erdbeerköpfchen besitzen eine grüne Grundgefiederfärbung. Die Stirn, der Scheitel, die Zügel, die Wangen sowie die Kehle sind orangerot gefärbt. An der Oberbrust geht die orangerote Färbung in einen olivgelben Farbton über, der am Bauch bereits grün ist. Auch die Unterschwanzdecken sind grün gefärbt. Die Schwanzunterseite ist bläulich grau. Der Nackenbereich ist olivgrün. Der Rücken und die Oberschwanzdecken sind grün gefärbt, so auch die oberen Schwanzfedern.

Gesamtlänge: *13 bis 14 cm*
Gewicht: *32 bis 43 g*
Geschlechtsunterschiede: *Männchen und Weibchen sind gleich gefärbt*
Gelegegröße: *4 bis 5 Eier*
Brutdauer: *21 bis 22 Tage*
Nestlingszeit: *33 bis 36 Tage*
Gesetzesstatus: *WA II / B (Meldepflicht und Herkunftsnachweis)*
Beringung: *4,0 mm-Ring (Artenschutzring gemäß BArtSchV Anlage 6)*

Die übrigen Schwanzfedern besitzen eine grüne Basis, der sich zuerst eine rote Bänderung anschließt und danach grüne Spitzen. Die Flügeloberseite ist etwas dunkler gefärbt als die übrige grüne Gefiederfärbung. Die Handschwingen weisen bläulich

Vorder- und Rückenansicht artenreiner Erdbeerköpfchen.

grüne Außenfahnen und schwarzbräunliche Innenfahnen auf. Die kleinen Unterflügeldecken sind grün gefärbt. Der Flügelrand ist gelblich grün.
Der weiße Augenring ist unbefiedert. Der ansonsten rote Schnabel weist beim Erdbeerköpfchen eine weißrötliche Basis auf; die Füße sind bräunlich grau und haben braune Krallen. Die Iris ist dunkelbraun. Männchen und Weibchen sind gleich gefärbt.
Juvenile Erdbeerköpfchen sind etwas matter in ihrer Gesamtfärbung und der Schnabel weist eine dunkle Basis auf.

Systematik

Otto Finsch erwähnte 1868 in seiner Monografie *„Die Papageien"*, dass der Afrikareisende Dr. John Kirk in dem Gebiet des Sambesi in Ostafrika zweimal, am Shire-Fluss und dem Nyassa und den Stromschnellen, einen kleinen Papagei sah, in dem er ein Rosenköpfchen zu erkennen glaubte. Heute weiß man, dass es sich bei diesen Sichtungen wohl ausschließlich um Erdbeerköpfchen gehandelt haben kann. Dennoch wurde das Erdbeerköpfchen erst 1894 entdeckt und als dritte Art der Agaporniden mit den weißen Augenringen wissenschaftlich beschrieben.

Der britische Ornithologe George Ernest Shelley (1840 – 1920) führte das Erdbeerköpfchen unter der Bezeichnung *Agapornis lilianae* in die systematische Zoologie ein. Die wissenschaftliche Erstbeschreibung erfolgte durch ihn in dem bekannten Journal Ibis im Jahr 1894 auf der Seite 466 unter dem Titel *„Capt. G. E. Shelley on Birds collected in Nyasaland"*.

Shelley benannte das Erdbeerköpfchen nach der Schwester des bekannten britischen Ornithologen William Lutley Sclater (1863 – 1944) Lilian Elizabeth Lutley Sclater.

Verbreitung und Freileben

Agapornis lilianae (Shelley, 1894): Malawi, West-Mosambik, Süd-Tansania, Ost-Sambia, Nord-Simbabwe.

Erdbeerköpfchen sind gegenwärtig entlang des Sambesi-Tals in Mosambik und Simbabwe anzutreffen, außerdem entlang des Luangwa in Sambia und dem südlichen Tansania. Ein wichtiges Verbreitungsgebiet ist aber auch der Shiré in Malawi. Insgesamt kommt die Art in allen diesen Gebie ten nicht häufig vor, sodass die Gesamtpopulationsgröße momentan auf 6.000 bis 15.000 Individuen geschätzt wird.

Neben den ersten Beobachtungen von Kirk sind bis Anfang des 21. Jahrhunderts nur selten Berichte über das Freileben dieser Papageien erschienen. W. L. Sclater schreibt im Jahr 1900, dass Erdbeerköpfchen häufig in Gruppen von etwa 20 Tieren im Unterholz entlang der Ufer des Sambesi und Shiré-Flusses angetroffen werden können. Allerdings sind derartige Beobachtungen begrenzt auf die Zeiten, an denen die Vögel zur täglichen Wasseraufnahme flogen beziehungsweise sich von diesen Orten entfernten. Im Jahr 1906 veröffentlichtet F. E. Stoehr, dass von ihm einige Erdbeerköpfchen am Nordufer des Sambesi, nahe der Mündung des Luangwa, gesammelt worden sind. Von S. A. Neave wurden Nahe der Muchinga-Berge im Jahr 1910 ebenfalls diese kleinen Papageien gesammelt; er bezeichnet diese Vögel dort bereits zu dieser Zeit als selten vorkommend.
Die neuesten Erkenntnisse über die Ökologie der Erdbeerköpfchen verdanken wir einer jungen Wissenschaftlerin aus Malawi. Im Jahr 2010 begann Tiwonge Gawa (geborene Mzumara), mit Unterstützung durch Prof. M. Perrin, die Erdbeerköpfchenpopulation in Malawi zu erforschen. Es fanden Zählungen statt, einige Erdbeerköpfchen wurden beringt und einzelne Exemplare mit Sendern ausgestattet. Nebenbei konnten weitere Erkenntnisse über das Freileben dieser Vogelart gewonnen werden.
Für Malawi wurde das Verbreitungsgebiet der Erdbeerköpfchen bislang immer mit dem 548 km^2 großen Liwonde-Nationalpark in Verbindung gebracht, der sich südlich des Malawi-Sees befindet. Hier sind diese Vögel vornehmlich am Lauf des Shire-Flusses anzutreffen. Es wird vermutet, dass sich diese Population bis in den westlichen Teil Mosambiks ausbreitet. Weiterhin finden die Erdbeerköpfchen im Sambesi-Tal in Süd-Tansania eine Heimat sowie am Luangwa-Fluss in Nord-Simbabwe und Ost-Sambia. Auch die an den Flussläufen und Wasserstellen angrenzenden Waldflächen werden von diesen Papageien aufgesucht. Es existieren also drei nahezu voneinander isolierte Erdbeerköpfchen-Populationen auf dem afrikanischen Festland.

Ihr Habitat finden diese Papageien in Höhenlagen zwischen 400 und 900 Meter. Mopane-Wälder *(Colophospermum mopane)* zählen zu den bevorzugten Lebensräumen der Erdbeerköpfchen; auch andere baumartige Vegetationsformen sind hier anzutreffen, wie beispielsweise Baobabs, Feigenbäume und Akazien.

John Douglas ist in Sambia geboren und lebt dort. Er berichtete 1991, dass sich Erdbeerköpfchen außerhalb der Brutzeit Baumhöhlen als Schlafplätze teilen. So sind in einer einzigen Schlafhöhle nicht weniger als 16 Individuen dieser Art gezählt worden. Am frühen Morgen verlassen die Erdbeerköpfchen ihre Schlafplätze und fliegen dann zu Wasserstellen, um ihren Durst zu stillen. In Gruppengrößen von zehn bis 80 Tieren sind diese Agaporniden in ihren jeweiligen Verbreitungsgebieten, vornehmlich an den Wasserstellen, anzutreffen. Nachdem die Vögel ausreichend Flüssigkeit zu sich genommen haben, begeben sie sich auf Nahrungssuche. Grassamen, Hirse, Wildreis, Blüten sowie Samen und Früchte von anderen Gewächsen zählen zum Nahrungsspektrum dieser Papageien. Ihre Nahrung nehmen Erdbeerköpfchen sowohl in den Bäumen als auch auf dem Erdboden auf. Zur Mittagszeit wird eine Ruhephase in Schatten spendenden Bäume eingelegt. Am Nachmittag erfolgt dann nochmals eine Phase der Nahrungsaufnahme. Bevor sich die Papageien dann zu ihren Schlafplätzen begeben, suchen sie noch einmal die Wasserstellen auf.

Die Brutperiode erstreckt sich in Sambia über die Monate Januar bis März und Juni bis Juli. In Malawi wurden Brutaktivitäten in den Monaten Januar bis Mai verzeichnet und in Simbabwe Jungvögel im April beobachtet. Als Neststandorte wurden bislang Baumhöhlen in Mopane-Bäumen ermittelt, aber auch Nester in Felsspalten. In der Regel nutzen Erdbeerköpfchen kleine Nisthöhlen, deren Schlupfloch gerade einmal so groß ist, dass ein erwachsenes Tier hindurchpasst. Mehr ist über die Brutbiologie dieser Vögel nicht bekannt.

Status und Bedrohung im Freiland

Das Verbreitungsgebiet des Erdbeerköpfchens erstreckt sich über eine Gesamtfläche von ungefähr 129.000 km². Nach IUCN-Einschätzungen aus dem Jahr 2000 soll sich die Populationsgröße dieser Art zwischen 6.000 und 15.000 Individuen bewegen. Das Erdbeerköpfchen wird als potenziell bedroht (= near threatened) eingestuft, ist aber neben dem Rußköpfchen die am meisten bedrohte *Agapornis*-Spezies Afrikas. Im Washingtoner Artenschutzübereinkommen (CITES) ist die Art im Anhang II aufgeführt und die Bestandsentwicklung wird gegenwärtig als „abnehmend" bezeichnet.

Tiwonge Gawa ist im Oktober 2006 auf die dramatische Situation dieser Vogelart in Malawi aufmerksam geworden; an einigen Wasserlöchern fand sie eine Vielzahl toter Tiere, darunter auch Erdbeerköpfchen. Einheimische nutzen vornehmlich die Trockenzeit, um einige der wenig vorhandenen Wasserlöcher im Liwonde-Nationalpark zu vergiften. Meist sind es die größeren Vogelarten wie Tauben, denen diese Aktionen gelten; kleinere Arten werden dann einfach zurückgelassen. 2004 sind durch einen Parkwächter an einer Wasserstelle 1.558 tote Erdbeerköpfchen gefunden worden.
Weitere Bestandsrückgänge gehen wahrscheinlich auch auf das Konto von Habi-

tatsveränderungen wie beispielsweise Staudammprojekte und den damit einhergehenden Überschwemmungen. Als Ernteschädling tritt diese Art gelegentlich auf, wird aber wohl nicht in dem Maße verfolgt wie andere Vertreter der *Agapornis*-Gattung. Auch für den internationalen Vogelmarkt war das Erdbeerköpfchen zumindest zwischen 1981 und 2000 interessant; in diesem Zeitraum sollen über 10.000 Tiere aus ihren Heimatländern exportiert worden sein.

Status in Menschenobhut

Erdbeerköpfchen werden mehr oder weniger regelmäßig in den Annoncenteilen der Fachzeitschriften beziehungsweise im Internet angeboten, wenn auch in geringeren Zahlen wie beispielsweise Rosenköpfchen, Pfirsichköpfchen und Schwarzköpfchen. Zwischen 1986 und 2005 gelangten laut Bundesministerium für Umwelt, Naturschutz und Reaktorsicherheit insgesamt 306 Erdbeerköpfchen legal nach Deutschland, die Hauptimportjahre waren dabei 1986 mit 140, 1989 mit 50 und 1990 mit 100 Exemplaren. 150 Vögel dieser Art wurden direkt aus Simbabwe importiert und 148 aus Südafrika. Fraglich ist, ob es sich bei den aus Südafrika importierten Exemplaren ausnahmslos um Nachzuchtvögel handelte.

Das Erdbeerköpfchen zählt unter den hierzulande gehaltenen Agaporniden zu den seltener vertretenen Arten, wenn man beachtet, dass sich ein wesentlicher Bestandteil der hiesigen Population aus

In ausreichend großen Volieren können mehrere Erdbeerköpfchen auch während der Fortpflanzungssaison gemeinsam gehalten werden.

Mischlingen und farblich mutierten Vögeln zusammensetzen dürfte. In den Zoos werden sie ebenfalls nicht häufig gehalten. So sind in sechs deutschen Zoos und zehn weiteren europäischen zoologischen Einrichtungen Erdbeerköpfchen vertreten (zootierliste.de, Stand 1.5.2013).

In den Nachzuchtstatistiken der deutschen Vogelzüchtervereine AZ und VZE findet man diese Art ebenfalls nicht so häufig, obwohl bei der AZ zwischen 2000 und 2012 insgesamt 3.459 nachgezogene Erdbeerköpfchen für diese Statistik gemeldet worden sind. Innerhalb der VZE waren dies für die Jahre 2000, 2002 und 2008 zum Vergleich nur 39 Exemplare. Das Europäische Erhaltungszuchtprojekt für die *Agapornis*-Spezies beschäftigt sich seit 2010 mit dieser Art. In den drei Jahren der Bestandserhebung sind dort insgesamt 89 artenreine und mutationsfreie Erdbeerköpfchen gezüchtet worden.

Erste Haltungserfahrungen und bisherige Bruterfolge

1926 gelangten die ersten lebenden Erdbeerköpfchen nach Europa. Bei Stokes in England, Lécallier in Frankreich und Neunzig in Deutschland gelangten im gleichen Jahr die ersten Zuchterfolge. Insbesondere der erste Zuchterfolg von Captain Stokes ist beachtlich, denn in England trafen die ersten Erdbeerköpfchen nach dem 11. Februar 1926 ein; bereits am 18. Mai 1926 flog bei ihm ein Jungvogel aus! Frau Lécallier erhielt 1926 insgesamt 14 Erdbeerköpfchen, von denen sie im gleichen Jahr 40 Jungvögel züchtete.
Diese Agaporniden galten einige Zeit nach der Ersteinfuhr als überaus fruchtbar und leicht züchtbar. Danach sind diese Papageien aber nicht mehr so regelmäßig gezüchtet worden und die Vermehrung der Art wurde von verschiedenen Autoren nicht immer als einfach bezeichnet. Durch den Zweiten Weltkrieg wurde die Vogelzucht sehr in Mitleidenschaft gezogen, worunter auch die Bestände der Erdbeerköpfchen in Menschenobhut zu leiden hatten. Aus Mangel an geeigneten Partnern wurden Erdbeerköpfchen mit anderen Agaporniden-Arten gekreuzt und starke Inzucht betrieben. Bis zu den 1960er-Jahren wurde der Gesamtbestand der Erdbeerköpfchen in Menschenhand durch derartiges Zuchtgebaren so stark reduziert, dass kaum noch artenreine Vögel in hiesigen Haltungen vorhanden waren.
In den 1960er- und Anfang der 1970er-Jahre kamen wieder einige Erdbeerköpfchen als Wildfänge nach Europa, die diesen Missstand ein wenig ausglichen. Aber auch diese Vögel wurden, sicherlich teilweise unbeabsichtigt, mit den vorhandenen Erdbeerköpfchen verpaart. 1986 und 1989 folgten dann letztmalig die zuvor genannten Einfuhren nach Deutschland direkt aus Simbabwe.
Vereinzelt machten Autoren Angaben zu ihren Erfolgen, berichteten aber auch über Misserfolge bei der Zucht mit den Erdbeerköpfchen.

Bei de Grahl wird 1974 ein US-amerikanischer Züchter namens David West zitiert, der auf die manchmal vorkommenden Schachtelbruten bei den Erdbeerköpfchen eingeht. Nicht mehr als drei Bruten pro Jahr sollten den Vögeln erlaubt werden. Um eine Brutpause einzuleiten, entnahm David West die alten Brutstätten und bot gleichzeitig wieder neue Nistmöglichkeiten mit frischem Nistmaterial an. Es dauerte demnach einigen Wochen, bis die Paare sich ein neues Nest eingerichtet haben und die Weibchen zur erneuten Eiablage schritten.

De Grahl selbst hielt zwölf Erdbeerköpfchen in einer Innenvoliere mit den Maßen 3 m Länge, 1,3 m Breite und 2,2 m Höhe. Die dort gebildeten Paare schritten auch erfolgreich zur Brut und brachten daraus Jungvögel hervor. Hier ereignete sich jedoch ein Zwischenfall, der wieder einmal auf das teilweise aggressive Verhalten der Agaporniden hindeutet. Zwei noch nicht flugsichere Jungvögel landeten in der ersten Zeit nach dem Ausfliegen auf dem Nistkasten eines anderen brütenden Weibchens und wurden durch dieses in den Kopf gebissen.

Einige Zeit später brachte dieser Autor vier Erdbeerköpfchen in einer Voliere unter; es stellte sich heraus, dass es sich hierbei um die Vergesellschaftung von einem Männchen und drei Weibchen handelte. Zwei dieser Weibchen hatten bei dieser Haltungsform befruchtete Gelege.

Bielfeld rät im Jahr 1981, dass zur Zucht angesetzte Vögel nach Möglichkeit zwei Nistkästen zur Auswahl angeboten werden sollten. Die hochformatigen Nistkästen sollten nach seinen Angaben eine Grundfläche von 14 x 14 cm besitzen und eine Höhe von 20 bis 25 cm aufweisen. Als Schlupflochdurchmesser gibt er 5 cm an. Eine Gruppenhaltung mehrerer Paare, aber auch eine paarweise Einzelhaltung in Käfigen hält Bielfeld für möglich.

Eine interessante Feststellung machte der belgische Züchter Wessel Louw van der Veen Anfang der 1990er-Jahre. Von 1993 bis 1995 bot er seinen acht Zuchtpaaren von Erdbeerköpfchen kleine und größere Nistkästen zur Brut an und notierte sich die Zeit vom Anbringen der Nistkästen bis zur Eiablage. Die kleinen Nistkästen hatten die Maße 10 cm Länge, 10 cm Breite und 12,5 cm Höhe; die größere Variante 15 cm Länge, 15 cm Breite und 25 cm Höhe. Der Schlupflochdurchmesser war bei allen beiden Varianten 4 cm. Mitunter brachte dieser Züchter noch ein Stück Pappe vor dem Schlupfloch an, sodass die Weibchen die Größe des Zugangs selbst beeinflussen konnten.

In den kleineren Nistkästen legten die Weibchen im Durchschnitt bereits nach 12,8 Tagen das erste Ei; in den größeren Kästen konnte die erste Eiablage erst nach durchschnittlich 18,8 Tagen ermittelt werden. Vermutlich liegt die Ursache darin begründet, dass die Weibchen in kleineren Nistkästen eher mit dem Nestbau fertig sind und dann schneller mit der Eiablage beginnen. Insgesamt züchtete Wessel Louw van der Veen bislang 188 Erdbeerköpfchen, die er stets mit 4,0 mm-Ringen kennzeichnete. Nach seiner Statistik wurden diese Vögel im Durchschnitt nach 9,6 Tagen beringt.

2002 geben die beiden Schweizer Agaporniden-Experten Matthias und Max Schiffmann im „Gefiederten Freund" einen kurzen Überblick über ihre Zuchtsaison 2001. Zwei Paare wurden bei ihnen in zwei verschiedenen Zuchtabteilen gehalten. Ein Paar zog in zwei Bruten insgesamt vier Jungvögel auf, ein Paar zog in einer Brut einen Jungvogel auf, ein Paar zeitigte drei unbefruchtete Gelege und das vierte Paar zog drei Jungvögel groß.

Der linke Vogel weist eindeutige Mischlingsmerkmale auf. Eine Zucht sollte mit derart gefärbten Erdbeerköpfchen nicht erfolgen.

Horst Stephan berichtet 2006 in der VZE-Vogelwelt über das Erdbeerköpfchen, dass diese Art von allen Agaporniden mit den weißen Augenringen am schwersten zu züchten sei. Nach seinen Angaben werden häufig unbefruchtete Eier gelegt und bei erfolgreichen Bruten ist die Sterblichkeitsrate der Nestlinge sehr groß. Als großes Problem bezeichnet dieser Autor das Rupfen der Jungvögel durch manche Elterntiere. Auf diesen Beitrag nimmt Siegfried Große ein Jahr später in der gleichen Zeitschrift Bezug und bestätigt die von Stephan gemachten Angaben nicht. Er gibt jedoch an, dass Erdbeerköpfchen ein großes Badebedürfnis besitzen und die Bereitstellung einer flachen Badeschale das Schlupfergebnis durchaus beeinträchtigen kann.

Der Züchter Eckhard Lietzow empfiehlt während der Zuchtperiode ein vermehrtes Angebot von Obst, Beeren sowie Grünfutter und bezieht sich hierbei auf Beobachtungen aus der Natur. Dieser Autor konnte mithilfe einer Nistkastenkamera nachweisen, dass das Männchen sich häufig zu seinem brütenden Weibchen in die Nisthöhle begibt; es brütet jedoch nicht selbst.

Die zweiten gelbgrünen Dunen sind bei den Jungvögeln im Alter von vier Wochen kaum noch zu sehen und im Alter ab fünf Wochen verlassen die Jungen erstmalig die Nisthöhle. Die Eltern und der Nachwuchs begeben sich zur Nachtzeit wieder gemeinsam in die Nisthöhle zum Schlafen.

In seinem Buch Agaporniden beschreibt der belgische Züchter Dirk van den Abeele, dass das erste Hindernis für den Liebhaber darin besteht, die Jungvögel gut durch die Mauser zu bekommen. Nur einer von vier Jungvögeln soll sie nach seinen Erfahrungen überleben.

Haltungserfahrungen des Verfassers

Die Erfahrungen des Verfassers beziehen sich auf eine Haltung von drei Paaren Erdbeerköpfchen ab Oktober 2010. Das älteste Tier war zu diesem Zeitpunkt bereits acht Jahre alt und die restlichen zwei und drei Jahre. Die sechs Vögel wurden anfänglich gemeinsam in einer Voliere überwintert. Die Außenvoliere hat die Maße 3 m Länge, 1,5 m Breite und 2,3 m Höhe. Daran angeschlossen ist eine Innenvoliere mit den Maßen 2,5 m Länge, 1,5 m Breite und 2,2 m Höhe. Das wärmeisolierte Schutzhaus ist mit einer künstlichen Lichtquelle ausgestattet und mit einem Infrarot-Wärmestrahler, der die Temperatur im Innenbereich selbst an kalten Wintertagen auf etwa 10 °C hält. Selbst an kalten Tagen wurde den Erdbeerköpfchen bislang tagsüber der Aufenthalt in der Außenvoliere gestattet. In der Nacht werden die Vögel in den Schutzraum verbannt. Während der Winterzeit wurden den sechs Erdbeerköpfchen anfangs noch zehn Rußköpfchen hinzugesellt, die die kalten Tage ebenfalls in der beheizbaren Unterkunft verbringen sollten. Alle Bewohner vertrugen sich während dieser Zeitspanne ausgesprochen gut.

Im April des darauffolgenden Jahres wurden die Rußköpfchen wieder separat untergebracht und den drei Erdbeerköpfchen-Paaren wurden insgesamt fünf Bruthöhlen angeboten. Es handelte sich hierbei um zwei handelsübliche Wellensittich-Nistkästen im Hochformat und zwei Nistkästen im Querformat mit den Maßen 30 cm Breite, 25 cm Tiefe und 25 cm Höhe. Die fünfte Bruthöhle war eine Naturstammnisthöhle mit einem Innendurchmesser von 17 cm und einer Höhe von 25 cm. Der Schlupflochdurchmesser betrug in allen fünf Fällen 5 cm.
Interessant war, dass die Naturstammnisthöhle bei den Erdbeerköpfchen keinerlei Beachtung fand. Bezogen wurden von den drei Weibchen zwei Wellensittich-Nistkästen und ein Nistkasten der größeren Variante. Zur gleichen Zeit wurde den Vögeln ein wesentlich reichhaltigeres Nahrungsangebot bereitgestellt, das neben dem sonst üblichen Samengemisch und Obst nun auch Keimfutter, Grünfutter sowie ein Kraft- und Aufzuchtfutter beinhaltete.
Diese Veränderungen bewirkten bei den Erdbeerköpfchen ein reges Treiben in der Voliere. Mit der Bereitstellung der Nistmöglichkeiten begannen die Männchen sofort damit, sich intensiver um die Weibchen zu bemühen, und die Weibchen damit, sich sofort für die Bruthöhlen zu interessieren. Zuerst wagten die Weibchen nur mehrere flüchtige Blicke in das Höhleninnere, bevor sie das erste Mal in die Höhle schlüpften. Danach hielten sie sich bereits etwas länger im Innern der zukünftigen Brutstätte auf. Natürlich wurde den Vögeln auch gleich geeignetes Nistmaterial bereitgestellt, das sich aus Weiden- und Obstbaumzweigen zusammensetzte. Nistmaterial wurde von dieser Zeit an in zweitägigen Abständen stets frisch gereicht.
Oft dauert es nur wenige Stunden, bis das Weibchen dabei zu beobachten ist, wie es schmale Rindenstreifen im Schnabel in die Nisthöhle transportiert. Von diesen ersten aktiven Phasen der Fortpflanzung vergehen nun aber noch zwei oder drei Wochen, bis mit dem ersten Ei auf dem Höhlenbo-

Ein Erdbeerköpfchen-Weibchen sammelt Nistmaterial

den zu rechnen ist. Das Eintragen des Nistmaterials nimmt einige Tage in Anspruch, aber oft sind dann bereits Kopulationen zu beobachten, die häufig auf dem Deckel eines Nistkastens stattfinden.

Eimaße beim Erdbeerköpfchen
Länge: 1,92 bis 2,42 (2,12 ± 0,10), n = 58
Breite: 1,46 bis 1,77 (1,62 ± 0,06), n = 58

Beim Verfasser erfolgte im ersten Jahr bei allen drei Paaren die Eiablage. Paar 1 legte beim ersten Brutversuch vier Eier, von denen sich zwei zunächst als befruchtet erwiesen. Paar 2 hatte ebenfalls vier Eier, von denen drei befruchtet waren, und das Paar 3 hatte zwei befruchtete Eier bei einem Fünfergelege. Aus 13 Eier schlüpften insgesamt sechs Jungvögel, ein Junges starb kurz vor dem Schlupf im Ei ab. In der Zuchtsaison 2011 und 2012 konnten von allen drei Paaren insgesamt 19 Jungvögel aufgezogen werden, wobei stets nur zwei Jahresbruten zugelassen wurden.

Die Entwicklung gestaltete sich immer wieder gleich. Als Brutzeit konnte der Verfasser einen Zeitraum von 21 beziehungsweise 22 Tagen ermitteln. Die Jungvögel schlüpften dabei in zweitägigen Abständen, was auch identisch mit den Legeabständen ist. Anfangs besitzen die frisch geschlüpften Erdbeerköpfchen noch einen spärlichen weißgrauen Flaum, der sich bald zu einem dichteren gelblich grünen Dunenkleid entwickelt. Im Alter von etwa zehn Tagen beginnen sich die Augen zu öffnen und ab dem 14. Lebenstag sind die ersten Federkiele unter der Haut zu erkennen. Die Befiederung geht schnell vor sich, sodass die jungen Erdbeerköpfchen im Alter von 33 bis 36 Tagen zum ersten Mal vollbefiedert die Nisthöhle verlassen können. Von nun müssen noch weitere zwei Wochen vergehen, bis die Jungvögel selbstständig Nahrung zu sich nehmen und nicht mehr von den Eltern gefüttert werden.

Das Weibchen hat in dieser Zeit häufig schon mit der Bebrütung eines Folgegeleges begonnen. Der Verfasser hat die Jungvögel der ersten Brut bislang bis zum Abschluss der anschließenden Brut bei den Elterntieren belassen, ohne dass dabei Probleme auftraten. Ein Problem ergab sich bisher in den zwei Jahren bei Paar 2. Hier rupfte das Weibchen den Nachwuchs, nachdem die ersten Federkiele durch die Haut der Jungvögel brachen, nur das Kopfgefieder, die Schwung- und Schwanzfedern wurden von dem Weibchen verschont.

Die betreffenden Jungvögel wurden schließlich jedes Mal dem rupfenden Weibchen weggenommen und einem anderen Paar Erdbeerköpfchen mit etwa gleichaltrigen Jungvögeln anvertraut. Aus Mangel an Erdbeerköpfchen für eine solche Ammenaufzucht wurden in zwei Fällen auch Rußköpfchen-Eltern verwendet. Auch hier gelang die Aufzucht der Jungvögel ohne Probleme.

Bei allen 19 Jungvögeln kam es zu keinen weiteren Komplikationen während der Aufzuchtphase. Auch die erste Mauser wurde völlig problemlos überstanden, sodass die Erfahrungen einiger Autoren, die diese Phase als kritisch bezeichnen, durch den Verfasser keinesfalls geteilt werden.

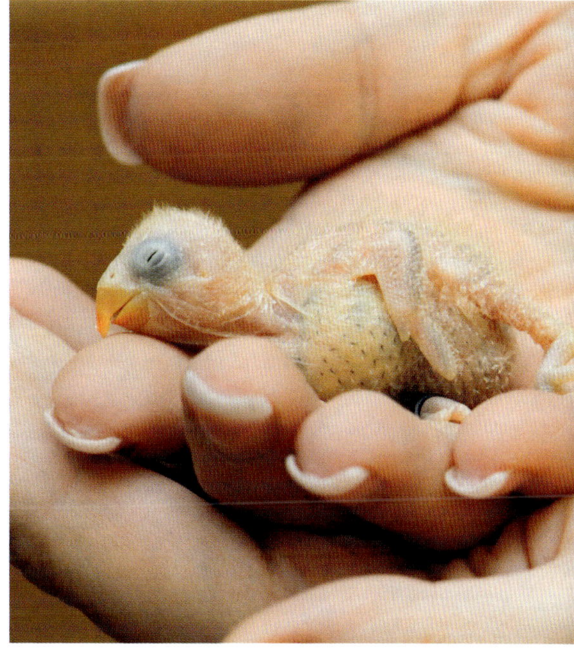

Ein acht Tage altes Erdbeerköpfchen.

Anmerkung

Erdbeerköpfchen wurden hierzulande nie in solch großen Stückzahlen eingeführt, wie man es von einigen anderen *Agapornis*-Arten kennt. Die Züchtung gelang zwar in den Anfangsjahren nach der Ersteinfuhr recht gut, jedoch nahm diese Erfolgsgeschichte bald danach ab. Ausbleibende Importe und verringerte Nachzuchterfolge sorgten bald schon für eine deutliche Reduzierung der Volierenbestände. Aus Mangel an artgleichen Partnervögeln wurden Erdbeerköpfchen mit anderen Gattungsan-

gehörigen verpaart; hauptsächlich Pfirsichköpfchen kamen dafür in Betracht. Bis zu den 1960er-Jahren gab es so nur noch sehr wenige artenreine Erdbeerköpfchen in den Zuchtanlagen der europäischen Züchter, dann sorgten einige Importe für etwas Verbesserung. Dennoch sind derzeit noch äußerst viele Mischlinge in europäischen Haltungen vorhanden; manche unter ihnen unterscheiden sich deutlich von dem Wildtyp, andere sehen ihm sehr ähnlich und wieder andere gleichen den wild lebenden Erdbeerköpfchen völlig.
Verantwortungsbewussten Züchtern, die sich für die artenreine Vermehrung von Erdbeerköpfchen entschieden haben, ist bei der Auswahl geeigneter Vögel in jedem Fall zur Vorsicht zu raten. Man sollte sich im Vorfeld sehr genau mit den möglichen Erkennungsmerkmalen von Mischlingen befassen oder besser noch wissen, wie ein artenreines Erdbeerköpfchen auszusehen hat. Aber selbst dann ist man vor Überraschungen nicht sicher, denn spalterbige Individuen von den bisher etablierten Mutationen sind ebenfalls in den Volierenbeständen vorhanden.
Diese Situation klingt fast aussichtslos, hat sich der Liebhaber von Erdbeerköpfchen für die Anschaffung dieser Vögel entschieden. Hier muss jedoch betont werden, dass es noch einige Züchter gibt, die bereits seit Jahrzehnten Wert auf die artenreine Vermehrung von Erdbeerköpfchen gelegt haben, deren Bestände über viele Generationen zurückliegend auf Wildfänge zurückgehen und die ihre Nachzuchtvögel untereinander austauschten. Es besteht also noch die Hoffnung, das Erdbeerköpfchen als einen Vogel, der dem Artgenossen aus der Freiheit gleicht, von wo er irgendwann einmal in unsere Volieren gelangte, über einige Jahrzehnte in Menschenobhut zu pflegen.

Rußköpfchen
Agapornis nigrigenis
(Sclater, 1906)

Beschreibung

Die Grundgefiederfärbung der Rußköpfchen ist grün. Die Stirn und der Oberkopf sind dunkelrotbraun gefärbt. Die Wangen sowie das Kinn sind dunkelbraun; der Nacken und die Halsseiten sind olivgrün gefärbt. Die Kehle ist orangefarben. Die Brust, der Bauch und die Unterschwanzdecken sind heller grün als die Oberseite der Flügel und das Rückengefieder. Die Schwanzunterseite ist bläulich grün. Der Bürzel und die Oberschwanzdecken sind grün. Die oberen Schwanzfedern sind an der Basis leicht bräunlich grün gefärbt und an der übrigen Hälfte wieder grün. Die anderen Schwanzfedern besitzen eine orangerote Basis, der sich ein gelblich grüner Saum und ein schwarzes Band anschließt; die Schwanzspitze ist gelblich grün.
Die Flügeloberseite weist ein etwas dunkleres Grün auf; der Flügelrand ist gelblich grün. Die Handschwingen haben blaugrünliche Außenfahnen und bräunlich schwarze Innenfahnen; die kleinen Unter-

flügeldecken sind bläulich grün gefärbt. Rußköpfchen haben einen unbefiederten weißen Augenring und einen roten Schnabel, der an der Basis weißrötlich ist. Die Füße sind bräunlich grau mit braunen Krallen. Die Iris ist bei dieser Art braun. Beide Geschlechter sind gleich gefärbt. Junge Rußköpfchen sind etwas matter gefärbt und an der dunklen Schnabelbasis zu erkennen.

Gesamtlänge: *13 bis 14 cm*
Gewicht: *35 bis 43 g*
Geschlechtsunterschiede: *Männchen und Weibchen sind gleich gefärbt*
Gelegegröße: *4 bis 6 Eier*
Brutdauer: *20 bis 22 Tage*
Nestlingszeit: *35 bis 38 Tage*
Gesetzesstatus: *WA II / B (von der Anzeigepflicht ausgenommen)*
Beringung: *4,0 mm-Ring (keine Beringungspflicht, eine Beringung wird jedoch empfohlen)*

Systematik

Als vierte Art unter den Agaporniden mit den weißen Augenringen wurde das Rußköpfchen in die zoologische Systematik eingeführt. William Lutley Sclater war der Erstbeschreiber dieser Spezies; auf der Seite 61 der Ausgabe 16 des *Bulletin of the British Ornithologists' Club* erhielt das Rußköpfchen schließlich im Jahr 1906 seine wissenschaftliche Bezeichnung *Agapor-*

Bei Rußköpfchen kann in großen Volieren selbst während der Zuchtperiode eine Gruppenhaltung erfolgen.

nis nigrigenis nach einem 1904 durch Dr. A. H. B. Kirkman gesammelten Exemplar vom Muguazi-River in Sambia. Wie im Jahr 1972 berichtet, gibt es in dem von Dr. Kirkman angegebenen Gebiet keinen Fluss mit dieser Bezeichnung; man folgert daraus aber, dass Dr. Kirkman den Ngwezi-River gemeint haben muss.

Das Rußköpfchen ist die zuletzt beschriebene Art innerhalb der Gattung Agapornis. Die wissenschaftliche Bezeichnung nigrigenis setzt sich aus den lateinischen Worten "niger" = „schwarz, dunkelfarbig" und "gena" = „Wange" zusammen.

Verbreitung und Freileben

Agapornis nigigenis (Sclater, 1906): Botswana und Sambia.

Insgesamt auf 16.400 km² wird die Größe des Verbreitungsgebietes vom Rußköpfchen geschätzt. Im Südwesten Sambias konzentriert sich der Lebensraum dieser Vögel aber nur an dem Verlauf einiger Flüsse dieser Gegend. Eine isolierte Population lebt in einem nur wenige Kilometer langen Areal entlang des Nanzhila-Flusses. Entlang der Flussläufe des Simatange, Sichifulu und Ngweze und des Sambesi befinden sich noch weitere Habitate dieser Art. Somit wird das genannte Verbreitungsgebiet vom Rußköpfchen nur sehr lückenhaft bevölkert und Schätzungen zufolge werden realistisch gesehen etwa 2.500 km² von diesen Vögel besiedelt. Vor einiger Zeit wurde noch angenommen, dass Rußköpfchen in der östlichen Caprivi-Region Nambias vorkommen. In den letzten Jahren fehlten aus dieser Gegend jedoch glaubhafte Sichtmeldungen, sodass dort nur von einem sporadischen Auftreten dieser Art ausgegangen werden kann. Im Laufe der Zeit kam es aber auch zu unbestätigten Meldungen aus Botswana und Simbabwe.

In den Jahren nach seiner Entdeckung sind nur äußerst wenige Informationen über das Freileben der Rußköpfchen gesammelt worden. 1909 gibt Karl Neunzig an, dass die Rußköpfchen aus Simbabwe stammen, dort aber nur einmal in größeren Schwärmen gesichtet worden sind. Er vermutete, dass es sich bei dieser Spezies um eine nahrungsbedingt umherstreifende Vogelart handelt.
1974 gibt der deutsche Arzt W. Gilges an, dass Rußköpfchen häufig in den Waldstreifen am Flusslauf des Sambesi anzutreffen sind. Aus den an diesen Wäldern angrenzenden Savannenlandschaften holen die Vögel ihre Nahrung.
Für mehr Aufklärung über das Freileben der Rußköpfchen sorgte jedoch Dr. Louise Warburton zum Ende des 20. Jahrhunderts. Mit Unterstützung durch Prof. Mike Perrin von der Universität Kwa-Zulu-Natal in Pietermaritzburg, Südafrika, erforschte sie die Ökologie dieser Vögel in Sambia. Hierbei kam heraus, dass Rußköpfchen die trockensten Gebiete von Sambia auf ausgedehnten Flachlandebenen bevölkern. Es werden Habitate in Höhenlagen von 900 bis 1340 Meter bewohnt, die sich vor-

nehmlich in den Überschwemmungsgebieten und Nebenflussgebieten des Sambesi und Kafue befinden. In anderen Gegenden hätten die Rußköpfchen mit Wassermangel zu kämpfen, nicht aber in der Nähe dieser Flüsse.
Das Habitat der Rußköpfchen setzt sich hauptsächlich aus Mopane-Waldland *(Colophospermum mopane)* zusammen. Dieses Ökosystem ist für die dort endemisch vorkommenden Arten wie das Rußköpfchen besonders wichtig. Die angrenzenden Vegetationslandschaften dieser Gegend bestehen aus verschiedenen anderen Baumarten und Büsche, beispielsweise *Adansonia digitata, Combretum imberbe, Diospyros mespiliformis* und *Balanites aegyptiaca,* vermischt in der typischen Baumsavanne (Miombo) und den in Gegenden mit hohem Wasserspiegel vorkommenden *Acacia spp., Combretum-* und *Terminalia*-Arten. Die Miombo-Vegetation wird von den Rußköpfchen gemieden.

Der normale Tagesablauf der Rußköpfchen stellt sich in ihrer afrikanischen Heimat wie folgt dar: Mit Sonnenaufgang verlassen die Vögel ihre Schlafplätze, um sich kurze Zeit später an den Wasserstellen zum Trinken einzufinden. Außerhalb der Trockenzeit verteilen sich die Rußköpfchen-Ansammlungen dort und man sieht nur wenige Exemplare zusammen; während der Trockenzeit können jedoch bis zu 800 Individuen an einer einzigen Wasserstelle gezählt werden.
Nach der Wasseraufnahme begeben sich die Rußköpfchen auf Nahrungssuche. Futter finden diese Vögel auf dem Boden, den sie allerdings sehr selten aufsuchen, an

Der zweite Vogel von links hatte einige Monate lang nur sehr wenige orangefarbene Federn an der Oberbrust. Später war dieses Exemplar wieder normal gefärbt.

Mopane – ein seltener Vertreter in der afrikanischen Flora

Der Mopane (Colophospermum mopane) *gehört zur Familie der Hülsenfrüchtler (Fabaceae). Die Größe dieser Bäume variiert zwischen 4 und 18 m und kommt im südlichen Teil Afrikas mit nur einer Art vor. Als Standort bevorzugen diese Bäume heiße, trockene Gebiete in Höhenlagen zwischen 200 und 1500 Meter und dort auf dünnen, schlecht entwässernden, alkalischen Böden, außerdem auch auf von Flüssen angeschwemmtem Boden. Unter diesen Voraussetzungen breitet sich Mopane oft bestandsbildend zu Mopanewäldern aus.*

,Halmen, in dem Geäst von Sträuchern und in Bäumen. Rußköpfchen ernähren sich von verschiedenen Pflanzen und deren Teilen wie Blüten, Blütenknospen, Fruchtfleisch, Blättern, Blattstängeln, Blattknospen, Flechten, Samen, halbreife Samen, Zweigen, aber auch von wirbellosen Lebewesen. Man trifft diese Papageienvögel auch in landwirtschaftlichen Anbaugebieten an, in denen sie Hirse, Mais und andere Getreidesorten verzehren und sich somit den Ärger der einheimischen Bevölkerung zuziehen.
Nach der Nahrungsaufnahme folgt eine Ruhephase, in der die Rußköpfchen ihr Gefieder oder das des Partners pflegen und etwas ruhen. Nach der Ruhephase nehmen die Rußköpfchen wieder etwas Nahrung zu sich und suchen schließlich am späten Nachmittag abermals eine Wasserstelle auf. Kurz vor Sonnenuntergang finden sich die Vögel dann wieder an ihren Schlafplätzen ein und verbringen dort gemeinsam die Nacht.
Üblicherweise sind Rußköpfchen in ihrem Verbreitungsgebiet paarweise oder in Gruppen von bis zu 25 Individuen anzutreffen. Bei diesen Angaben kommt es auch zu Schwankungen, die aus den Brutaktivitäten und auch dem vorhandenen Nahrungsangebot resultieren.

Die Fortpflanzungsperiode erstreckt sich von Mitte/Ende Januar bis in den frühen Mai und ist eng verbunden mit der Regenperiode in dem Verbreitungsgebiet der Rußköpfchen sowie mit der Erntezeit landwirtschaftlicher Erzeugnisse. Diese Papageien tendieren dazu, in Kolonien zu leben und auch zu brüten. Die Neststandorte der Rußköpfchen befinden sich vornehmlich in den Mopane-Wäldern. Als Nistmaterial wählen die Weibchen hauptsächlich die Zweige der Mopane-Bäume oder auch der Baobabs sowie Grasbestandteile.
Die Brutzeit wird begleitet von starken Regenfällen, die schließlich die Hirse und die Samen wild wachsender Gräser, der späteren Nahrungsgrundlage der Rußköpfchen für die Aufzucht ihres Nachwuchses, zur Reife bringen. Die meisten Jungvögel fliegen schließlich Ende April oder Anfang Mai aus und finden nach dem Selbstständigwerden ausreichend Nahrung in ihrer direkten Umgebung oder auf den Hirsefeldern der einheimischen Bauern. Im Jahr kommt es zu nur einer Brut.

Status und Bedrohung im Freiland

Gegenwärtig wird die Gesamtpopulationsgröße dieser Art auf 2.500 bis maximal 10.000 Exemplare geschätzt. Zurzeit wird das Rußköpfchen durch die IUCN als gefährdet (= vulnerable) eingestuft, das macht diese Vogelart zur derzeit am meisten bedrohten Papageienart Afrikas. Sie ist im Anhang II des Washingtoner Artenschutzübereinkommens (CITES) gelistet; die Populationsentwicklung wird gegenwärtig als „abnehmend" bezeichnet.

Rußköpfchen wurden von Anfang bis zur Mitte des 20. Jahrhunderts zu Tausenden außer Landes gebracht. Hauptsächlich die Vogelliebhaber Europas und der USA wurden mit gefangenen Tieren versorgt. 1909 beispielsweise gibt Karl Neunzig in der Dezember-Sitzung der Deutschen Ornithologischen Gesellschaft in Berlin an, dass die Rußköpfchen massenhaft eingeführt wurden. Dieser Trend hielt mit einigen Unterbrechungen bis in die 1960er-Jahre an; so sollen diese Vögel im Jahr 1925 kaum noch in Menschenhand vertreten gewesen sein, wobei ein Jahr später schon wieder Rußköpfchen in großer Zahl aus Afrika in die Hände europäischer Liebhaber gelangten. Im Jahr 1926 sollen in einem Monat allein 16.000 Rußköpfchen für den Export gefangen worden sein. Mitte der 1960er-Jahre wiesen jedoch Forscher auf die Bedrohung dieser Art durch den exzessiven Fang in ihrem natürlichen Lebensraum hin. Der schonungslose Fang dieser Vögel schädigte den Gesamtbestand wahrscheinlich in

Bei diesem Vogel handelt es sich um die Nachzucht von Wildfängen (F2-Generation).

einer Weise, von der sich die Population bis in die Gegenwart nicht erholen konnte. In kleineren Stückzahlen werden Rußköpfchen scheinbar immer noch illegal gefangen, teilweise sogar zu Nahrungszwecken, was der Population wahrscheinlich jedoch keinen größeren Schaden zufügt. Eher stellt sich in der Gegenwart aber der Rückgang von Oberflächenwasser während der Trockenzeit in den besiedelten Habitaten als ein wesentliches Problem dar. Die mancherorts geringe Wasserverfügbarkeit zwingt die Rußköpfchen in manchen Gegenden dazu, künstliche Wasserquellen aufzusuchen, an denen sie aber vom Menschen gestört und dort mitunter auch gefangen werden.

Rußköpfchen im Weltvogelpark Walsrode.

Die eng an die Mopane-Wälder gebundenen Rußköpfchen sind auf diesen Lebensraum angewiesen, was die Population bei anhaltender Austrocknung und den damit einhergehenden Habitatverlusten sehr verwundbar werden lässt. Mopane wird auch als Brenn- und Bauholz genutzt, was zu einer zusätzlichen Ressourcendezimierung führt.

Als Ernteschädlinge erlangen die Rußköpfchen ebenfalls zunehmende Aufmerksamkeit innerhalb der einheimischen Bevölkerung. Im Frühjahr 2012 wurden Schwärme, vornehmlich östlich des Machile, dabei beobachtet, wie sie Sorghum- und Millethirse-Felder aufsuchten. Im Rahmen einer Freilandstudie von Dr. Louise Warburton im Jahr 2000 wurde der PBFD-Virus (Psittacine Beak and Feather Disease) bei einem noch nicht ausgeflogenen Rußköpfchen-Jungtier in Sambia nachgewiesen. Wie sich diese Krankheit auf den Gesamtbestand dieser Art auswirken wird, ist nicht absehbar.

Status in Menschenobhut

Rußköpfchen werden zwar vereinzelt in den Anzeigenteilen spezieller Internetportale oder der Fachzeitschriften angeboten, allerdings dürfte es sich hierbei in den meisten Fällen um Mischlinge oder farblich mutierte Vögel handeln. Seit 1960 verbietet Sambia den Export von Rußköpfchen. Als Wildfänge gelangten nach den Statistiken des Bundesministeriums für Ernährung, Landwirtschaft und Forsten zwischen 1984 und 2010 keine Rußköpfchen nach Deutschland. Im Jahr 1992 kam es jedoch zu einem Import von 60 Vögeln aus Südafrika und 2004 gelangten zwölf Rußköpfchen von der Schweiz in die Bundesrepublik Deutschland. In den 1980er-Jahren sind Rußköpfchen illegal von Simbabwe nach Südafrika gelangt (L. Warburton, pers. Mitteilung).

In 19 deutschen Zoos und 31 weiteren Einrichtungen dieser Art innerhalb Europas werden gegenwärtig Rußköpfchen gehalten (zootierliste.de, Stand 1.5.2013).

Die Nachzuchtstatistiken der deutschen Vogelzüchtervereinigungen AZ und VZE geben einen Hinweis auf die Verbreitung dieser Spezies in menschlicher Obhut.

Zwischen 2000 und 2012 wurden bei der AZ insgesamt 3.902 Rußköpfchen als Nachzuchten gemeldet. Die Nachzuchtstatistiken der VZE für die Jahre 2000, 2002 und 2008 führen 147 Rußköpfchen auf. Im Europäischen Erhaltungszuchtprojekt für die *Agapornis*-Spezies (EPPAS) wurden seit dem Jahr 2009 zusammen 258 nachgezogen, wobei hier ausnahmslos artenreine und mutationsfreie Exemplare Berücksichtigung finden.

Erste Haltungserfahrungen und bisherige Bruterfolge

Rußköpfchen kamen 1907 in größerer Zahl erstmalig über den Tierhändler Fockelmann nach Deutschland. Von diesen Vögeln gelangten fünf Exemplare nach England, von denen einige an Reginald Philipps gingen. Dort legte ein Weibchen nach etwa zwei Monaten bereits vier Eier, die sich als befruchtet herausstellten und alle zum Schlupf kamen. Die vier Jungvögel aus diesem Gelege wurden problemlos aufgezogen. Zwei Tage nachdem das letzte junge Rußköpfchen dieser Brut ausgeflogen war, lag bereits das erste Ei des Folgegeleges in der Bruthöhle. Einige Monate nach dieser Welterstzucht gelang die Vermehrung der Rußköpfchen auch in Deutschland; hier schlüpften bei Frau Prové zwei Jungvögel.

Zunächst zeigten sich Rußköpfchen unter Haltungsbedingungen als äußerst fortpflanzungsfreudig. Häufig wurden die Vögel in den Anfangsjahren ihrer Haltung paarweise in Käfigen untergebracht und so zur Zucht gebracht. Wolfgang de Grahl berichtete im Jahr 1974 über die Haltung seiner sechs Rußköpfchen in einer Gemeinschaftsvoliere. Hier kam es zu gelegentlich

Ein acht Tage altes Rußköpfchen.

Streitigkeiten unter den Vögeln, die jedoch immer harmlos verliefen. Als Nistmaterial bot de Grahl seinen Rußköpfchen Weiden-, Pappel- und Lindenzweige an, von denen Rindenstücke abgebissen und durch das Weibchen im Schnabel in die Bruthöhle getragen wurden.

1997 gibt Eckhard Lietzow aus Enger nähere Einzelheiten zur Haltung und Zucht von Rußköpfchen bekannt. Zu diesem Zeitpunkt züchtete dieser Autor seit 16 Jahren Rußköpfchen in Größenordnungen zwischen ein und vier Zuchtpaaren. Untergebracht waren die Vögel in Innenvolieren mit den Maßen 1,6 m Länge, 0,7 m Tiefe und 1,25 m Höhe, vereinzelt auch zwei Zuchtpaare gleichzeitig. Mit Beginn der

Fortpflanzungszeit änderte der Autor auch das Nahrungsangebot, das dann vielseitiger wurde und bis zur Selbstständigkeit der Jungvögel beibehalten wurde. Er bot die übliche Samenmischung, Keimfutter, Beeren, Hundeflocken und Aufzuchtfutter in einer leicht feuchten Mischung an, der Korvimin ZVT beigegeben wurde. Weiterhin wurden Äpfel, Karotten, Feigen, Kolbenhirse, Vogelmiere, Löwenzahn und verschiedene Gräser angeboten.

Einer der angebotenen Nistkästen wurde mit einer Infrarotkamera ausgestattet, die Eckhard Lietzow einen Einblick in das Brutkasteninnere erlaubte. Die Zeitdauer der eigentlichen Eiablage gibt er nach Beobachtungen beim ersten und zweiten Ei mit etwa 10 Minuten an. Nach der kräftezehrenden Prozedur fiel das Weibchen *„förmlich nach vorn um und blieb einige Minuten regungslos liegen“*. Dem folgten fast hektisch wirkende Putz- und Nestbauaktivitäten. Während der Brutzeit beobachtete Herr Lietzow, wie auch das Männchen Rindenstücke in das Höhleninnere transportierte.

In den ersten Lebenstagen wird der Nachwuchs allein vom Weibchen mit Nahrung versorgt; das Männchen übergibt das vorverdaute Futter an sein Weibchen, das erst später die Jungvögel damit füttert.

Ralph Schmidt schreibt 2003, dass er seine Rußköpfchen außerhalb der Brutsaison

Drei junge Rußköpfchen in der Nisthöhle.

in einer Gemeinschaftsvoliere mit Rosen-, Schwarz-, Pfirsich- und Grauköpfchen zusammenhält. Während der Zuchtphase bringt er seine Rußköpfchen jedoch paarweise in Zuchtboxen unter, in denen Nistkästen mit den Maßen 25 cm Länge, 20 cm Breite und 15 cm Höhe angebracht sind. Als problematisch beschreibt dieser Autor eine Eigenschaft dieser Papageien: Einige Paare rupfen ihren Nachwuchs während der Wachstumsphase. Um dieses Problem zu mindern, gibt er anfangs nur wenig Nistmaterial und nachdem die Jungvögel ein Alter von etwa zwei Wochen erreicht haben, wird wieder häufiger Nistmaterial angeboten. Dies sorgt für etwas Abwechslung.
Werner Lantermann weist 2001 darauf hin, dass bei den Rußköpfchen viele Männchen bereits im dritten oder vierten Lebensjahr zur Unfruchtbarkeit neigen. Ansonsten bezeichnet auch er die Zucht der Rußköpfchen als problemlos. Der gleiche Autor beschäftigte sich aber auch seit Ende der 1990er-Jahre eingehender mit der Sozialisation dieser Papageien. In einer kombinierten Innen-/Außenvoliere hielt Werner Lantermann drei Paare Rußköpfchen auch während der Brutzeit zusammen. Das Aggressionspotenzial dieser Vögel war über die gesamte Zeit außerordentlich gering; drei angebotene Nistkästen befanden sich direkt nebeneinander und nur einige Minuten nach dem Aufhängen Ende April/ Anfang Mai eines jeden Jahres waren die Nistmöglichkeiten aufgeteilt.
Bei Nistkastenkontrollen im Jahr 2005 wurde festgestellt, dass bereits ausgeflogene, aber noch nicht selbstständige Rußköpfchen sich gelegentlich wieder in die Nisthöhlen begeben und Jungvögel verschiedener Brutpaare sich auf diese Weise darin vergesellschaften. Noch nicht selbstständige Rußköpfchen betteln mitunter auch fremde Altvögel um Futter an und werden in einigen Fällen auch von diesen gefüttert.
Insgesamt handelt es sich bei den Rußköpfchen um eher friedfertige Vögel, bei denen es lediglich am Futterplatz und an den Nistplätzen zu Dominanzen kommt.

Haltungserfahrungen des Verfassers

Die eigenen Erfahrungen des Verfassers, die sich aus der Haltung von Rußköpfchen ergeben, beziehen sich auf einen Zeitraum von 2009 bis in die Gegenwart. Anfänglich waren es vier Paare dieser Vögel in seiner Haltung und zum gegenwärtigen Zeitpunkt befinden sich neun Paare in seiner Obhut, von denen einige F2-Nachkommen von Importvögeln sind.
Die Rußköpfchen werden generell in Gruppen gehalten, wobei die Gesamtpopulation von neun Paaren zur Fortpflanzungszeit in zwei Gruppen aufgeteilt wird. Die Unterbringung der Vögel erfolgt über die Wintermonate in einer kombinierten Innen-/ Außenvoliere und in Gesellschaft mit einer Gruppe Erdbeerköpfchen. Bei ausbleibenden Nachtfrösten Ende April/Anfang Mai siedeln die Rußköpfchen um in Sommervolieren mit einer Größe von 3 m Länge, 1 m Breite und 2 m Höhe. Die Hälfte dieser Unterkunft ist überdacht und ein Drittel ist

Ein Rußköpfchen-Weibchen mit Nistmaterial im Schnabel.

mit drei Wänden umgeben; zum Flugraum befindet sich ebenfalls eine 50 cm breite Wand vom Fußboden bis zur Überdachung. Darin finden die Rußköpfchen Schutz vor schlechter Witterung und auch die Nistkästen befinden sich im überdachten Bereich.

Gleichzeitig mit dem Einsetzen der Rußköpfchen in diese Voliere wird auch das Futter umgestellt; die Vögel haben dann etwa zwei Wochen Zeit, sich an die alte, aber doch vertraute Umgebung zu gewöhnen. Dann werden die Nistkästen und natürlich auch entsprechend viel Nistmaterial bereitgestellt.

Eimaße beim Erdbeerköpfchen
Länge: 1,92 bis 2,45 (2,11 ± 0,09), n = 134
Breite: 1,46 bis 1,79 (1,63 ± 0,06), n = 134

Erst seit 2012 verwendet der Verfasser Naturstammnisthöhlen mit einem Innendurchmesser von 15 cm und einer Höhe von 25 cm. Bis 2011 wurden die Nistmöglichkeiten bereits mit dem Einsetzen der Rußköpfchen in die Sommervoliere angeboten, was zum Ergebnis hatte, dass die Weibchen sofort mit dem Nestbau begannen und kurze Zeit später zur Eiablage schritten. Mit sehr wenigen Ausnahmen waren die Erstgelege stets unbefruchtet. Ab 2012 zeigten die Paare dann aber zufriedenstellende Befruchtungsraten auch bei den Erstgelegen, die sehr wahrscheinlich auf die oben beschriebene Eingewöhnungsphase von zwei Wochen zurückzuführen ist.

Bei der Nistplatzauswahl zeigten sich die Paare bisher immer sehr friedfertig; Eindringlinge wurden durch das in der Höhle befindliche Weibchen stets nur mit Schnabelhieben aus der unmittelbaren Nähe des Nistkastens vertrieben. Zu sichtbaren Verletzungen kam es infolge dieser kleinen Auseinandersetzungen bislang nicht. Als Nistmaterial werden täglich frisch Weiden- und Obstbaumzweige angeboten, aus denen das Weibchen ein umfangreiches, teilweise auch oben geschlossenes Nest errichtet. Zehn bis 14 Tage, nachdem die Weibchen die Nisthöhle bezogen haben, erfolgt die Eiablage. Vier bis fünf Eier sind die übliche Gelegegröße bei den Rußköpfchen.

Das Weibchen übernimmt im Anschluss allein die Bebrütung der Eier, die in der Regel 20 bis 22 Tage dauert. Frisch geschlüpfte Rußköpfchen haben ein gelblich oranges Dunenkleid. In den ersten Lebenstagen werden die Küken ausschließlich vom Weibchen mit Nahrung versorgt und erst im Alter von etwa sieben Tagen beteiligt sich auch das Männchen direkt an dieser Aufgabe. Im Alter von neun bis elf Tagen beginnen sich die Augen der jungen Rußköpfchen zu öffnen; dies ist dann auch die Zeit, in der die Jungvögel mit einem geschlossenen Fußring gekennzeichnet werden sollten. Mit 18 Tagen sind junge Rußköpfchen bereits mit einem geschlossenen grauen Dunenkleid versehen und die ersten Federkiele beginnen sich zu dieser Zeit durch die Haut zu schieben. Am 30. Lebenstag sind die Jungvögel vollständig befiedert und nach weiteren fünf bis

Ein Rußköpfchen etwa eine Woche vor dem Ausfliegen.

acht Tagen verlassen sie erstmals die Nisthöhle. Von nun an vergehen noch etwa 14 Tage, bis der Nachwuchs ohne Zufütterung durch die Eltern überleben kann. Das Weibchen hat dann in den meisten Fällen bereits wieder mit einer neuerlichen Brut begonnen.
Zu dem manchmal erwähnten Rupfen der jungen Rußköpfchen durch die Altvögel kam es bei dem Verfasser in all den Jahren nicht einmal. Hingegen haben sich Rußköpfchen hin und wieder als Ammenvögel für gerupfte Erdbeerköpfchen bewährt.

Anmerkung

Auf das Rußköpfchen treffen in Menschenobhut die gleichen Probleme zu wie bei den meisten anderen *Agapornis*-Arten auch. Mischlinge und farblich mutierte Vögel sind hier allgegenwärtig und verlangen nahezu nach einer aufmerksamen Beobachtung. Hierzu müssen die vorhandenen Bestände analysiert, artenreine und mutationsfreie Exemplare separat sowie aufmerksam betreut und kontrolliert vermehrt werden. Gelbe (gelbgrüne) und blaue Mutationen sind beim Rußköpfchen auch schon frühzeitig in Menschenobhut entstanden, wie Bielfeld 1981 mitteilt, sind diese *„natürlich über Schwarzköpfchen"* zum Rußköpfchen gelangt. Die Wortwahl „natürlich" in diesem Zusammenhang bezeichnet den scheinbar gedankenlosen Umgang einiger Züchter mit Wildtieren in vortrefflicher Weise, denn fast schon selbstverständlich werden die Folgen eines solchen Handelns des Öfteren in Kauf genommen.
Dr. Louise Warburton teilte dem Verfasser in einer E-Mail mit, dass sie während ihres Studienaufenthaltes in Sambia mehrfach farblich veränderte Rußköpfchen sichtete. Natürlich kommen Mutationen auch in Wildtierbeständen vor, nur haben diese dort oft nur eine geringe Überlebenschance. Bei den von Dr. Warburton erwähnten Tieren handelte es sich immer wieder um ein und dieselben Exemplare: ein hellgelb gefärbtes Individuum und zwei heller grün gefärbte Tiere innerhalb einer Gruppe. Für die Wissenschaftlerin waren diese drei Vögel eine gute Gelegenheit, um die betreffende Gruppe tagtäglich sicher zu identifizieren.

Im Februar 2010 erhielt der Verfasser eine Nachricht von Heinz Schnittker, der im Naturalis-Museum in Leiden vier Rußköpfchen-Bälge gesehen hat, die keine orangerote Brustfärbung aufweisen. Drei Sammlungsstücke stammen aus einer Haltung von F. E. Blaauw und ein Exemplar aus dem Zoo Rotterdam; zwei Bälge sind datiert auf die Jahre 1917 und 1918. Auch beim Verfasser zeigten sich im Jahr 2011 bei einem lebenden und zuvor normal gefärbten Rußköpfchen nur noch drei orangerote Federn im Kehlbereich; dieses Tier war allerdings bereits im darauffolgenden Jahr nicht mehr von den anderen wildfarbigen Rußköpfchen im Bestand zu unterscheiden. Die Ursache für dieses kurzzeitige Fehlen der orangenroten Farbe konnte nicht ermittelt werden.

Ausblick

Im letzten Kapitel dieser Buchveröffentlichung beabsichtigte ich eigentlich bei der Planung des Manuskripts einen Ausblick auf den weiteren Werdegang der Vogelzucht zu wagen. Ich wollte dabei Szenarien aufzeigen, wie sich die Vogelzucht in einigen Jahrzehnten darstellen und welchen Stellenwert sie dann in der Gesellschaft einnehmen könnte. Eine solche Reise in die Zukunft lässt viele Spekulationen zu und man muss dabei immer wieder mit dem Menschen rechnen, der derartige Szenarien mitunter unerwartet in jede Richtung beeinflussen kann. Zukunftsprognosen lassen sich immer nur unter Anbetracht der gegenwärtigen Fakten anhand von Zahlen und bisherigen Entwicklungswegen erstellen.

Es steht außer Frage, dass die Mitgliedszahlen der großen Vogelzuchtverbände Jahr für Jahr rückläufig sind. Für das Hobby Vogelzucht besteht schon lange keine so große Nachfrage mehr wie noch vor 30 Jahren und demzufolge wird fast jeder dieser Vogelzuchtverbände in Zukunft versuchen müssen, dieser negativen Entwicklung mit bestimmten Programmen entgegenzuwirken. Ohne Zweifel werden von manchen Verbänden also weiterhin Mutationszuchten betrieben und auch das Ausstellungswesen wird zukünftig gefördert. Neue Standards für Wildvögel werden entworfen, jedoch wird man irgendwann phäno- und genotypisch artenreine Wildvögel nur noch in der Natur vorfinden können, sofern die Lebensräume dieser Wildvögel in ein paar Jahrzehnten überhaupt noch existieren.

Es ist zu hoffen, dass die Bestände artenreiner Vögel in Menschenobhut noch lange Zeit erhalten bleiben.

Das Festhalten der Vogelzuchtverbände an den jahrzehntelang gewohnten Programmen geschieht nach dem Mehrheitswillen der Verbandsmitglieder; die gehaltenen Vögel werden dabei nur zu einem Objekt degradiert, das der Befriedigung ureigenster Interessen dient. Der Erhalt von Arten spielt bei nur wenigen dieser Vogelzuchtverbände eine ausschlaggebende Rolle. Dr. Ernst Günther, Präsident der Vereinigung für Zucht und Erhaltung einheimischer und fremdländischer Vögel e. V. (VZE), gestattete mir den nachfolgenden Auszug seiner Rede anlässlich der Artenschutztagung der VZE im Jahr 2011 zu übernehmen. In dieser Rede wird der von mir geplante „Ausblick" in vortrefflicher Weise dargestellt, sodass es meiner Ansicht nach keinerlei Ergänzung bedarf.

Arterhaltung als Aufgabe der Vogelzucht – warum wir das tun

Dr. Ernst Günther, Präsident der VZE, Naumburg

… Mit der zitierten „artlichen Identität" berühre ich ein weites Feld, auf dem ich mich auch nur in ganz allgemeiner Form äußern will, weil Herr Lantermann ausführlicher über die zur absoluten Massenerscheinung gewordenen Artenverfälschung durch Mutations- und Farbschlagzuchten sprechen wird. Im Angesicht der Tatsache, dass es heute bei Dutzenden von Vogelarten, die in menschlicher Obhut gehalten werden, nicht mehr möglich ist, phänotypisch und genotypisch naturentsprechende Vögel zu finden, halte ich mich für berechtigt, ja verpflichtet zu der Aussage, dass heute nach der Naturzerstörung die züchterische Zerstörung der Arten der zweitwichtigste Bedrohungsfaktor für die Arten in der Welt ist. Wir haben das in etwas vorsichtigeren Formulierungen auch vor zwölf Jahren in Bad Kösen schon so gesagt, eine Wirkung ist nicht sichtbar, weil wir auch keine Unterstützung bekommen, auch nicht von den befreundeten Verbänden, wo noch immer jeder Vogel zur Bewertung auf Schauen zugelassen und unaufhaltsam in die Erzeugung von Zuchtformen gedrängt wird. Wir fordern deshalb von hier aus abermals alle Vogelzüchter in Deutschland und überall, wo man uns zuhört, auf: Lasst endlich das Ausstellen von Wildvögeln zur Bewertung sein, es ist der Anfang einer Vogelzucht nach Züchterinteressen und das Ende der Artinteressen. Lasst es endlich sein, jede Vogelart auf den züchterischen Weg des Wellensittichs oder des Halsbandsittichs oder des Zebrafinken zu drängen, es gibt inzwischen genug unwiderruflich domestizierte Vogelarten, an denen das Interesse an Zielzuchten ausgelebt werden kann. Verwendet bitte größte

Sorgfalt darauf, die verbliebenen naturentsprechenden Vögel von den Zuchtformen getrennt zu halten, damit sie uns als Arten erhalten bleiben. Viele von ihnen werden wir aus der Natur nicht mehr bekommen, eher braucht sie die Natur bald von uns, und wir haben nur diese eine Welt. Wenn sie weg sind, können wir sie uns nicht von einem anderen Stern wieder holen.

Diese kritischen Bemerkungen richten sich unübersehbar an die Vogelzüchter selber, an diesen Verhältnissen haben die von der Gesellschaft zu vertretenden äußeren Bedingungen für die Vogelzucht keinen Anteil. Gleichwohl gilt es festzustellen, dass diejenigen, die sich gerne einmal mit der Vogelzucht befassen, um sie zu kritisieren oder zu reglementieren, diese tatsächliche Lage gar nicht kennen. Wie könnte es sonst sein, dass vom Verordnungsgeber unter Beratung durch den Länderarbeitskreis der Naturschutzbeauftragten als Reaktion auf die Bedrohung der Reisamadine in ihrer Heimat ein Herkunftsnachweis für in Deutschland gehandelte Reisamadinen eingeführt wird. Man weiß offenbar nicht, dass die Reisamadine seit 50 Jahren in zahlreichen Zuchtformen gezüchtet wird und kein einziger Vogel mehr existiert, dem ad hoc seine Naturherkunft bescheinigt werden könnte. Niemand käme doch auf den Gedanken, das Hühnergemisch auf einem Bauernhof mit Schutzmaßnahmen zu belegen, wenn das Bankivahuhn bedroht wäre – es sei denn, es wäre ihm jede Gelegenheit recht und das Reglementieren selbst wichtiger als der Sinn der Sache.

Es gibt so widersprüchliche Ansichten der angeblich an der Arterhaltung interessierten Institutionen, dass es einem wirklich schwer fällt zu glauben, dass da wirklich an einem Strange gezogen wird. Während also weiße und gescheckte und braune und hellgraue Reisamadinen im Namen des Artenschutzes unter Kuratell gestellt werden, üben sich die Träger internationaler Erhaltungszuchtprogramme darin, geradezu utopische Forderung an die Artenreinheit der beteiligten Vögel zu stellen, dergestalt zum Beispiel dass die Vögel direkt aus der Natur kommen oder ihre direkte Nachfolge nach Naturvögeln beweisen müssen. Beide Extreme sind nicht geeignet, Vogelzüchtern zu helfen, den Wert ihrer Vögel als Teil der Vogelwelt zu erkennen und danach zu handeln. Den Verfechtern jener extremen Teilnahmebedingungen an Erhaltungszuchten sage ich auf die Gefahr, mir Feinde zu machen, dass sie im Begriff sind, großen Schaden anzurichten. Wenn wir den Vogelzüchtern mit höchster wissenschaftlicher Kompetenz ständig einreden, dass ihre Vögel spätestens in der zweiten Generation nach der Naturentnahme wertlos sind, dann müssen wir uns nicht wundern, dass sie auch behandelt werden wie etwas Wertloses! Soll man etwa das Spix-Ara-Erhaltungszuchtprogramm beenden, weil es alles Vögel aus Privatbesitz sind, soll man den zahlreichen Balistaren, die zur Erhaltung ihrer Art aus privaten Vogelbeständen erzüchtet worden sind, einen anderen Namen geben, weil ihre Väter nicht von Bali kamen?

Nein, wir sind im Gegenteil der Ansicht, dass es künftig noch viel öfter notwendig werden wird, Erhaltungszuchtprogramme mit Vögeln aus menschlicher Obhut aufzulegen, weil die Bestände hier oftmals längst viel größer sind als in den natürlichen Lebensräumen der Arten, die eine oder andere Art wird zunächst nur in menschlicher Obhut überleben. Im Interesse der Mitwirkungsbereitschaft der Züchter muss dann auch noch ein anderer „alter Hut" abgeschafft werden, nämlich der geforderte Verzicht der Züchter auf ihre Verfügungsrechte an den ins Programm eingebrachten Vögeln.

Wir haben uns in der Auseinandersetzung mit diesen Fragen ein Modell geschaffen, das realistisch und tragfähig ist: Wir stellen nicht als erstes die Frage, wann und wo und wie viele Vögel welcher Art wieder ausgewildert werden. Das sehen wir außerhalb unserer Kompetenz. Gleichwohl suchen wir die Verbindung zu Projekten der Feldforschung, um dort gewonnene Erkenntnisse gegebenenfalls in unseren Erhaltungszuchtprogrammen zu berücksichtigen, damit wir im Bedarfsfall auch wirklich handlungsfähig zur Verfügung stehen können. Die Anwesenheit unseres verehrten Freundes Mike Perrin belegt, dass das Interesse ein gegenseitiges ist. Das eröffnet uns einen Weg der Zusammenarbeit, den wir entschlossen gehen werden, auch wenn das Ziel noch im Nebel der Ungewissheit liegt. Zunächst aber erhalten wir die Vögel um ihrer selbst willen und nennen das die Schaffung vitaler artenreiner Gehegepopulationen. Das größte Problem, das wir haben, ist, wie ich dargestellt habe, der zum Teil katastrophale genetische Zustand zahlreicher Arten in den vorhandenen Beständen. Wir werden nicht darum herumkommen, ein wissenschaftliches Programm von Forschungscharakter aufzulegen, um dahin zu gelangen, dass wir den Wert eines Vogels für die Erhaltung seiner Art auch genetisch verifizieren können. Das wird neben viel Arbeit, für die zurzeit Dr. Till Töpfer, Mitglied unseres Wissenschaftlichen Beirats, steht, auch eine Menge Geld kosten. Sponsoren sind willkommen, aber wer ein gutes Gehirn und ein glü-

hendes Herz einbringen möchte, ist noch willkommener.

Es kann nach meiner Auffassung keinen seriösen Zweifel daran geben, dass die Erhaltung von Arten als Aufgabe der privaten Vogelhaltung und -zucht an Bedeutung gewinnen wird. Es gibt immer deutlichere Signale dafür, dass die Zoologischen Einrichtungen, die sich Arterhaltung in Menschenverantwortung auf die Fahnen geschrieben haben, stärker in Richtung Säugetiere und anderer Familien orientieren und für die Vögel auch unter Beachtung der wirtschaftlichen Zwänge, unter denen sie stehen, keine freien Valenzen mehr haben. Die zoologischen Einrichtungen, die ihre Vögel in unsere Erhaltungszuchtprogramme einbringen, brauchen sich dazu nicht zu erklären. Sie praktizieren ihr Vertrauen in die fachliche Kompetenz und Verantwortungsfähigkeit der organisierten privaten Vogelzucht bereits und mir ist kein negatives Urteil über unsere Arbeit bekannt, wenigstens nicht von solchen Institutionen und Personen, die nicht von vornherein durch Vorurteile zugestellt sind.

Und so will ich denn dieses leidige Thema der Anerkennung unserer Bemühungen nicht weiter traktieren, es wird uns am Ende noch als Eitelkeit ausgelegt, wo es doch in Wahrheit um nichts anderes geht als die Tatsache, dass wir noch viel erfolgreicher sein könnten beim Erhalten von natürlichem Leben gegen den Zerstörungsgeist der Zeit, wenn wir endlich an einem Strange ziehen würden, statt darüber zu streiten, wem der Strang gehört.

Und in der Tat steht jedes Bemühen um die Erhaltung von Arten, wo und wie auch immer, in einem Kontext mit Entwicklungen in dieser Welt, der bedeutender, aber auch erschütternder kaum sein kann. Die Vogelwelt dieser Erde mit ihren knapp 10.000 Arten ist gemeinsam mit unzähligen anderen Lebensformen existenziell bedroht als Folge einer Vernichtung an natürlichen Lebensräumen, die keinen naturgeschichtlichen Vergleich kennt. Die gnadenlose Inbesitznahme dieser Erde durch den Menschen, nicht in erster Linie um den Hunger zu stillen, sondern um den Geldbeutel zu füllen, vernichtet täglich Dutzende von Tier- und Pflanzenarten unwiederbringlich. Wissenschaftler und Publizisten streiten sich darüber, ob es jede Stunde drei oder jede Minute zwei oder jeden Tag 30 Arten sind, und dabei geht der Sinn dafür verloren, dass jede einzige Art, die wir vernichten, eine zu viel ist. Richard David Precht, ein deutscher Philosoph und Publizist, weist in seinem Buch „Wer bin ich, und wenn ja, wie viele?" darauf hin, dass der tropische Urwald in den letzten 30 Jahren halbiert wurde und heute nur noch 6 % der Erdoberfläche bedeckt. Bei Fortbestehen des heutigen Tempos der – oftmals illegalen – Holzgewinnung aus den tropischen Regenwäldern wird der letzte Baum im primären Regenwald im Jahre 2045 fallen. Ich fürchte, wir werden Herrn Prechts Prognose unterbieten. Wachstum heißt das Zauberwort der Industriegesellschaft, und das ist nichts weiter, als Beschleunigung des Aufbrauchens der natürlichen Ressourcen, die aber Lebensräume von Tieren und Pflanzen sind – und auch von Menschen! Lebensräume heißen sie, wenn Wählerstimmen gebraucht werden, wenn man Investoren sucht, sind es Ressourcen, und Wahlen sind nur alle vier oder fünf Jahre, Investoren sind immer! In Brasilien wird man in den nächsten zehn Jahren 130.000 Quadratkilometer Amazonasurwald abholzen, um Ölpalmplantagen anzulegen, auf Borneo geht es ähnlich zu und an vielen anderen Stellen in der Welt auch. Die Russen haben das Abschmelzen des Nordmeereises zum Anlass genommen, Pflöcke in den Meeresboden zu hauen, damit man weiß, wem die Ressourcen gehören, und auf Grönland freuen sich einige auf den Tag, da das Inlandeis endlich dünn genug ist, um darunter Bodenschätze abzubauen. Und in Deutschland wandelt man mit grünem Geld der EU die vielgestaltige landwirtschaftliche Kulturlandschaft in Niedersachsen und Mecklenburg in Maiswüsten um, um Futter für Brennereien zu gewinnen, die daraus Spiritus für Tankfüllungen machen! Die Katastrophe ist nicht woanders, sie sieht nur überall ein bisschen anders aus! Und der deutsche oder europäische Vogeltourist, der im Garten seines Malaysischen Hotels eine Schamadrossel singen hört oder über dem Pantanal ein paar Aras fliegen sieht, hält die Welt noch immer für in Ordnung und belächelt unsere Sorgen um den Niedergang der Artenvielfalt in der Welt.

In Band 15 des „Handbook of the birds of the world" hat BirdLife international ein Review 2010 zur Situation der Vogelwelt vorgelegt, das mit kalter Rationalität belegt, dass wir auf dem Wege sind, einer Vielzahl von Vogelarten ihre Lebensgrundlage zu entziehen, ihr Aussterben droht im Laufe weniger Jahrzehnte, vielleicht noch rascher. Hiernach hatten wir 2010 1.240 Vogelarten im Status der Bedrohung, das ist jede 8. Art und das sind 250 Arten mehr als vor zehn Jahren. Die Ursachenanalyse führt ausschließlich menschengemachte Veränderungen in der Welt auf, neben dem Abholzen der Wälder und der monokulturellen Landwirtschaft oder dem Wassermanagement in bestimmten Regionen der Erde interessanterweise auch die Einschleppung fremder Arten in Biotope, in denen sie nicht heimisch sind. Und die notwendigen Maßnahmen zum Stopp der gegenwärtigen Entwicklung liegen sämtlich auf dem Tisch der Politik, die bis heute kein wirklich überzeugendes Konzept für grundsätzliche Änderungen vorlegen kann. Schutzgebieten übrigens, die von vielen Leuten, auch von Politikern, noch als der Rettungsanker angesehen werden, wird bescheinigt, dass sich der Artenrückgang dort verlangsamt, aber oftmals nicht endgültig umzukehren ist.

Wissenschaftler haben schon öfter ihre Sorge geäußert, dass die Zerstörung der Lebensvielfalt auf der Erde mit ihren sensiblen Verknüpfungen an einer Stelle ankommen könnte, wo der Zusammenbruch des Systems zum Selbstläufer wird. Noch ist das nicht geschehen, aber nun tritt eine Kraft auf den Plan, die das schaffen könnte: der Klimawandel. Lange Zeit völlig geleugnet, dann lange Zeit heruntergespielt, ist er nun nicht mehr zu übersehen. Er ist im Gegensatz zu Klimaschwankungen in der Erdgeschichte ausschließlich die Folge menschlichen Wirkens. Was mich daran erschreckt, ist nicht der Umstand, dass der Menschheit so etwas passiert, sondern die Unfähigkeit und Unwilligkeit, etwas Vernünftiges dagegen zu tun. Das erinnert mich ein wenig an die Lemminge, die auch 10 cm vor dem Abgrund noch unfähig sind, die Richtung ihres Rennens zu ändern. Die Politik sucht uns die Sache zu erklären und ihre Entschlossenheit zur Rettung dieser Welt zu bekunden mit der „Festlegung", dass die Durchschnittstemperatur auf der Erde in den nächsten 100 Jahren nicht um mehr als 2 Grad Celsius steigen dürfte. Ganz abgesehen davon, dass das gelogen ist, die 2 Grad haben wir schon fast, und es ist erst ein Zehntel des Jahrhunderts um und seriöse Wissenschaftler sagen für dieses Jahrhundert wenigstens 4 Grad voraus, ist das so wirkungslos abstrakt, dass man sich nicht wundern muss, dass einer Umfrage zufolge mehr als 60 % der Bundesbürger sich auf mehr Sonnenstunden freuen und mitnichten auch nur im Geringsten besorgt sind wegen des Klimawandels. Gegen diesen tödlichen Pazifismus bietet sich mir eine sehr persönliche Erfahrung an, die mir sagt, dass es nicht um weit Entferntes geht, nicht um morgen, sondern dass das Heute schon fast damit überfordert ist, das gestern Getane erträglich zu machen, und die ich ihnen nicht vorenthalten will, auch wenn sie – hoffentlich – den einen oder anderen erschreckt.

Ich bin Jahrgang 1938. In der Schule hatte ich im Erdkundeunterricht so um 1950 herum zu lernen, dass auf der

Welt reichlich 3 Milliarden Menschen lebten, davon 600 Millionen in China. In unserem Jahr 2011 wird die Menschheit die 7 Milliarden-Grenze überschreiten, in China leben inzwischen 1,3 Milliarden. Wenn mir die Gnade zuteil werden sollte, so alt zu werden, wie mein Vater wurde, dann hätte ich noch 20 Jahre zu leben. Dann wäre ich bei meinem Tode einer von 9 Milliarden Menschen auf der Welt. Im Angesicht des Zerstörungswerkes an der Lebensvielfalt auf dieser Erde, des Wachsens der Wüsten, des Schmelzens der Gletscher, der Verknappung der Wasserreserven, der Überfischung der Meere und der Verpestung der Atmosphäre, die in diesen 90 Jahren dann erreicht sein werden, muss man kein Prophet und auch kein Pessimist sein, um festzustellen, dass die Welt noch so eine einzige Spanne eines Menschenlebens in diesem Stile nicht überleben wird. „Wer will, dass die Welt so bleibt, wie sie ist, der will nicht, dass sie bleibt", sagt Erich Fried. Aber wer wartet, dass einer kommt und die Welt ändert, der hat nicht verstanden. Es geht um eine Änderung unseres Gesamtverhaltens gegenüber der belebten Natur, die jeder auch für sich selber vollziehen muss, auch und gerade dann, wenn der Kollege nebenan das noch nicht fertig bekommt.

Deshalb ist auch der Bogen von den großen Problemen dieser Welt zu unserem vergleichsweise kleinen Hobby Vogelzucht durchaus nicht zu weit gespannt. Wir können gar nicht anders, als in unserer kleinen Dimension zu leisten, was anständig ist gegenüber dem Großen und Ganzen, und es schadet nichts, wenn wir da gelegentlich einen Schritt weiter sind als diejenigen, die uns eigentlich den Weg zeigen sollten.

Wir wissen heute nicht, ob und wann die Menschheit in der Lage sein wird, innezuhalten in der Zerstörung der Lebensvielfalt dieser Erde und umzuschalten auf Erhaltung des Werkes der Evolution. Und wir wissen nicht, wie die Welt dann aussehen wird. Aber wir wissen, dass sie noch ärmer sein wird, wenn wir nicht täten, was wir tun, nämlich Lebensformen zu erhalten und zu bewahren um ihrer selbst und der Natur willen.

Deshalb tun wir das – und jeder ist eingeladen mitzutun."

Danksagung

Über die Dauer meiner Beschäftigung mit Papageien habe ich von zahlreichen Stellen Unterstützung erfahren, die sich auch bei der Abfassung dieses Buches ausgewirkt haben. Insbesondere mein Interesse an afrikanischen Papageien prägte in den zurückliegenden Jahren mein Betätigungsfeld. Anfangs waren besonders die Erfahrungen anderer Züchter maßgeblich für mein züchterisches Handeln, später dehnte sich meine Beschäftigung mit afrikanischen Papageien auch auf verschiedene Teilbereiche der Wissenschaft aus.

So möchte ich insbesondere den Biologen Prof. Mike Perrin (Pietermaritzburg, Südafrika), Dr. Louise Warburton (Großbritannien), Dr. Henry Ndithia (Nairobi, Kenia) und Tiwonge Gawa (Blantyre, Malawi) für die vielfältigen Informationen über das Freileben der Agaporniden danken.

Dr. Sylke Frahnert und Pascal Eckhoff aus dem Zoologischen Museum in Berlin verdanke ich die Gelegenheit, die *Agapornis*-Präparate der ornithologischen Abteilung zu sichten, diese auch zu vermessen und zu fotografieren.

Im Zusammenhang mit den Zertifizierungsaktionen danke ich vor allem Dr. Till Töpfer vom Zoologischen Forschungsmuseum Alexander Koenig in Bonn sowie den Herren Dirk Lemster (Hespe) und Eckhard Großmann (Doberlug-Kirchhain) für die tatkräftige Unterstützung.

Dr. Ernst Günther (Naumburg) gestattete mir die Übernahme des viel beachteten Textes seiner Rede anlässlich der VZE-Artenschutztagung 2011 in Berlin.

Die veröffentlichten Fotos sind zum größten Teil aus dem eigenen Archiv; einige Bilder sind im Loro Parque auf Teneriffa (Spanien), im Vogelpark Marlow und im Weltvogelpark Walsrode entstanden. Freilandaufnahme hat mir Hans-Jaochim Rüblinger (Rosbach) zur Verfügung gestellt; Fotos von den selten gehaltenen Orangeköpfchen erhielt ich von Simon Bruslund aus dem Loro Parque auf Teneriffa und einiges Bildmaterial haben auch Werner Lantermann sowie Ramona Heuckendorf bereitgestellt. Allen diesen Fotografen danke ich in diesem Zusammenhang.

Werner Lantermann (Oberhausen) gilt außerdem mein Dank für die kritische Durchsicht des Manuskriptes und meiner Lebensgefährtin Ramona Heuckendorf (Güstrow) danke ich für ihre Geduld während der Abfassung dieser Buchveröffentlichung.

Dem Verlag Oertel+Spörer danke ich für die freundliche Aufnahme meines Buchtitels in sein Verlagsprogramm und ein besonderer Dank gilt natürlich meiner Lektorin Dr. Gabriele Lehari für die gute Zusammenarbeit.

Anhang

Namensregister

Eines Tages wird auch dieses junge Rußköpfchen zum Erhalt seiner Art beitragen. Seine Zukunft liegt in unseren Händen.

Literatur

Adlersparre, A. (1938): Dimorphismus des Jungendkleides und Nestbau bei *Agapornis*. J. Orn. 86: 248

Albrecht, M. (1975): Zucht und Haltung von *Agapornis roseicollis* im Freiflug. Ziergeflügel und Exoten 20: 102-103

Amberger, F. (1999): Papageien und Probleme Madagaskars. Papageien 12: 210-213

Albrecht, A. (1997): Meine Erfahrungen mit dem Taranta oder Bergpapagei. Gef. Welt 121: 150-152

Arndt, T. (1990-2004): Lexikon der Papageien. Vol. 1-4. Bretten

Asmus, J. (2003): Das Erdbeerköpfchen. Ziergeflügel und Exoten 48: 122-128

Asmus, J. (2005): Zuchtbücher der VZE – Richtlinien. VZE-Vogelwelt 50: 77-80

Asmus, J. (2010a): Ein Versuch zur Erhaltung der „Spezies" Rußköpfchen in Menschenobhut. VZE-Vogelwelt 55: 87-91

Asmus, J. (2010b): An examination for the preservation of the Black-cheeked Lovebird. Parrots International Magazine No. 1/2010

Asmus, J. (2011a): Artenschutztagung der VZE – Tagungsband. Leipzig

Asmus, J. (2011b): Zuchtprojekt für *Agapornis*-Arten am Beispiel des Rußköpfchens. Papageien 24: 163-166

Asmus, J. (2011c): Eine ungewöhnliche Ammenaufzucht. VZE-Vogelwelt 56: 292-294

Asmus, J. (2011d): Die afrikanischen Unzertrennlichen – ein Vortrag von Prof. Mike Perrin. VZE-Vogelwelt 56: 260-263

Asmus, J. & T. Mzumara (2010): Die Situation des Erdbeerköpfchens in Malawi. Papageien 23: 314-316

Bangs, O. (1918): Vertebrates from Madagascar. Bulletin of the Museum of Comparative Zoology 61: 503-504

Bannermann, D. A. (1931): The Birds of Tropical West Africa. London

Barlow, C. & C. M. N. White (1957): Checklist of the birds of Northern Rhodesia. Lusaka.

Barlow, C., T. Wacher & T. Disley (1957): A field guide to the birds auf Gambia and Senegal. Sussex.

Benson, C. W. (1945): Notes on the birds of southern Abyssinia. Ibis 87: 489-509

Benson, C. W. & S. Irwin (1967): A contribution to the ornithology of Zambia. Zambia Mus. Pap. 1: 1-137

Benson, C. W. & C. M. N. White (1957): Checklist of the birds of Northern Rhodesia. Lusaka.

Bielfeld, H. (1981): Unzertrennliche – Agaporniden. Bomlitz

Boetticher, H. von (1950): Die Verwandtschaftsbeziehungen der afrikanischen Papageien (*Poicephalus* und *Agapornis*). Zool. Anz. 145: 10-27

Boetticher, H. von (1967): Papageien. München

Borrow, N. & R. Demey (2001): Birds of Western Africa. London

Brücher, H., R. van den Elzen, A. Fergenbauer-Kimmel, T. Pagel, K. L. Schuchmann, U. Schürer & J. Styrie (1995): Mindestanforderungen an die Haltung von Papageien, Sachverständigen-Gutachten im Auftrag des Bundesministeriums für Ernährung, Landwirtschaft und Forsten, u. a. abgedruckt in: Jahrb. Papageienkunde 1: 237-247

Brucholz, S. (1968): Polygamie beim Pfirsichköpfchen. Der Falke 15: 28-29

Buffon, G. L. (1783): Histoire naturelle des oiseaux. Paris

Burkhardt, K. (1989): Schwarzköpfchen *(Agapornis pers. personata)* mit Haube. Ziergeflügel und Exoten 34: 139

Burton, M. & Burton, R. (2002): International Wildlife Encyclopedia. New York

Carrol, R. W. (1988): Birds of the Central African Republik. Malimbus 10 (2): 177-200

Cave, F. O. & J. D. McDonald (1955): Birds of the Sudan. Edinburgh

Chapin, J. P. (1939): Birds of the Belgian Congo, II. Bull. Am. Mus. Nat. Hist. 75: 1-632

Collar, N. J. (1997): Family Psittacidae (Parrots). Pp. 280-477 in: del Hoyo, J., A. Elliott & J. Sargatal (eds.) Handbook of the Birds of the World. Vol. 4. Sandgrouse to Cuckoos. Barcelona

Collar, N. J. (1998): Information and ignorance concerning the world's parrots: an index for twenty-first century research and conservation. Papageienkunde – Parrot Biology 2: 201-235

Dean, W. R. J. (1974): Breeding and distributional notes on some Angolan birds. Durban Mus. Nov. 10: 109-125

Dean, W. R. J., M. A. Huntley, B. J. Huntley & C. J. Vernon (1988): Notes on some birds of Angola. Durban Mus. Nov. 14: 44-92

Dee, T.J. (1986): The endemic birds of Madagascar. Cambridge: ICBP

del Hoyo, J., A. Elliott, J. Sargatal (1997): Handbook of the Birds of the World, vol. 4: Sandgrouse to Cuckoos. Barcelona

Dickinson, E. (2003): The Howard and Moore complete Checklist of the Birds of the World. Princeton

Dilger, W. C. (1960): The comparative enthology of the African parrot genus *Agapornis*. Z. Tierpsychol. 17: 649-685
Dilger, W. C. (1962): The behaviour of lovebirds. Scientific American 206: 88-98
Douglas, J. (1991): On the Wildside. Newsletter of the Lovebird Society UK Issue 5, 1991
Dowsett, R. J. (1972): The type locality of *Agapornis nigrigenis*. Bulletin BOC 92: 22-23
Eberhard, J. R. (1998): Evolution of nest-building behaviour in *Agapornis* parrots. The Auk 115: 455-464
Fischdick, G. H., Hahn, V. & K. Immelmann (1984): Die Sozialisation beim Rosenköpfchen *Agapornis roseicollis*. J. Orn. 125: 307-319
Forshaw, J. (1978): Parrots of the World, 2nd. ed. London
Forshaw, J. M. (1989): Parrots of the World, 3rd. ed. Melbourne
Forshaw, J. M. (2006): Parrots of the world – an identification guide. Princeton
Fry, C. H., S. Keith & E. K. Urban (1988): The Birds of Africa, Vol. III. London
Gmelin, J. F. (1788): Caroli a Linné systema naturae per regna tria naturae, secundum classes, ordines, genera, species, cum characteribus, differentiis, synonymis,
locis ... Editio decima tertia, aucta, reformata. Leipzig
Grahl, W. de (1974): Papageien unserer Erde, Bd. 2. Eigenverlag, Hamburg
Grahl, W. de (1990): Papageien. Stuttgart
Grant, C. H. B. (1915): On a collection of the birds from British East Africa and Uganda, presented to the British Museum by G. S. Grozens. Ibis 10: 235-316, 629-632
Große, S. (2006): Erlebnisse mit Grauköpfchen. VZE-Vogelwelt 51: 11-13
Große, S. (2007): Nochmals Erdbeerköpfchen. VZE-Vogelwelt 52: 7-9
Großmann, E. (1988): Zuchterfolg bei Grauköpfchen *(Agapornis cana)*, Herkunft und Verbreitung. Ziergeflügel und Exoten 5/1988: 74-77
Hampe, H. (1933): Beobachtungen bei der Brut, der Jugendentwicklung und der künstlichen Aufzucht von *Agapornis fischeri*. Vögel ferner Länder 7: 1-7, 41-44
Hampe, H. (1957): Die Unzertrennlichen. Pfungstadt
Heinrich, G. (1958): Lebensweise der Vögel von Angola. J. Orn. 99: 330
Heinroth, O. (1910): Bericht über die Dezember-Sitzung 1909. J. Orn. 58: 409
Herkenrath, P. (1994): Aus den armen in die reichen Länder: Der Wildvogelhandel im Überblick. S. 27-52 in: Herkenrath, P & W. Lantermann (Hrsg.). Flieg Vogel oder stirb. Göttingen
Herrmann, K. (1987): Aufzucht von Taranta durch Personata. Ziergeflügel und Exoten 32: 11
Herrmann, K. (1990): Ein Tarantaweibchen *(Agapornis taranta)*. Ziergeflügel und Exoten 35: 108-110
Herrmann, K. (1997): Haltung und Zucht von Taranta-Unzertrennlichen *(Agapornis taranta)*. Papageien 10: 330-332
International Commission on Zoological Nomenclature (1999): International Code of Zoological Nomenclature. London
Janssen, E. (2008): Ein Jahr Erfahrungen mit Orangeköpfchen. Papageien 21: 404-410
Jiguet, F. (2007): En direct de la CAF: les inséperables de St-Jean-Cap-Ferrat et Beaulieu-sur-Mer, Alpes-Maritimes. Ornithos 14(6): 376-381
Jordan, R. & J. Pattison (1999): African Parrots. Surrey
Juniper, T. & M. Parr (1998): Parrots. A Guide to the Parrots of the World. Sussex
Lambert, K. H. (2011): Das Phantom Grünköpfchen. Papageien 24: 202-208
Lambert, K. & K.-H. Lambert (2004): Auf Papageiensuche in Namibia. Papageien 17: 102-106
Lambert, K. & K.-H. Lambert (2006): Unterwegs in Äthiopien. Papageien 19: 346-349
Lambert, K. & K.-H. Lambert (2008a): Unterwegs in Afrika – Tansania und Sambia. Papageien 22: 132-137
Lambert, K. & K.-H. Lambert (2008b): Unterwegs in Afrika – Uganda. Papageien 21:174-177
Langrand, O. (1990): Guide of the Birds of Madagascar. New Haven
Lantermann, W. (1991): Korrupter Kommerz mit gekräftigten Krummschnäbeln – Bundesdeutscher Papageienhandel 1985 – 1989, Berichte der deutschen Sektion des Int. Rates für Vogelschutz 30: 61-67
Lantermann, W. (2000a): 70 Jahre Forschungsarbeit am Pfirsichköpfchen. Papageien 13: 306-309
Lantermann, W. (2000b): Erfahrungen mit der Gruppenhaltung von Pfirsichköpfchen *Agapornis fischeri*. Gef. Welt 124: 366-369
Lantermann, W. (2001a): Agaporniden – Unzertrennliche artgerecht halten und züchten. Reutlingen

Lantermann, W. (2001b): Import, Handel und Haltung von Pfirsichköpfchen *(Agapornis fischeri)* in der Bundesrepublik Deutschland. Berichte zum Vogelschutz 37: 93-98

Lantermann, W. (2004): Zum Status der ostafrikanischen Papageien *Agapornis personata* und *Agapornis fischeri*. Bonn. Zool. Beiträge 52: 95-100

Lantermann, W. (2006a): Unzertrennliche *(Agapornis spec.)* und Langflügelpapageien *(Poicephalus spec.)* – Möglichkeiten und Grenzen der Gemeinschaftshaltung. Gef. Welt 130: 46-49

Lantermann, W. (2006b): Eine Beobachtung während der Sozialisationsphase junger Rußköpfchen *(Agapornis nigrigenis)* in der Gruppenhaltung. Gef. Welt 130: 207-208

Lantermann, W. (2007): Handbuch Agaporniden. Brunsbek

Lantermann, W. (2009): Beiträge zur Brutbiologie von Rußköpfchen in Menschenobhut – mit Vergleichen zum Freiland. Gef. Welt 133: 8-9

Lantermann, W. & B. Noel (2011): Soziale Strukturen innerhalb einer achtköpfigen Gruppe von Pfirsichköpfchen – Volierenbeobachtungen. Gef. Welt 135: 14-18

Lantermann, W. (2012): Sittiche und Papageien – Verhalten in Freiland und Voliere. Reutlingen

Lietzow, E. (1994): Das Grauköpfchen *(Agapornis canus)*. Ziergeflügel und Exoten 39: 128-131

Lietzow, E. (1997): Haltung und Zucht von Rußköpfchen (*Agapornis nigrigenis)*. Papageien 10: 230-234

Lietzow, E. (2004): Das Rußköpfchen – eine stark bedrohte Agapornisart. VZE-Vogelwelt 49: 324-328

Lietzow, E. (2006): Orangeköpfchen – Freileben, Haltung und Zucht. VZE-Vogelwelt 51: 168-173

Lietzow, E. (2009): Schwarzköpfchen und Pfirsichköpfchen – Freiland und Haltung. Papageien 22: 44-49

Lietzow, E. (2011): Grauköpfchen auf Madagaskar. Papageien 24: 24-29

Louette, M., H. Abderemane, I. Yahaya & D. Meirte (2008): Atlas des oiseaux nicheurs de la Grande Comore, de Mohéli et d'Anjouan. Studies in afrotopical Zoology 294: 104-109

Low, R. (1983): Das Papageienbuch. Stuttgart

Low, R. (1984): Endangered Parrots: Poole

Low, R. (1988): Parrots: Their Care and Breeding. London & New York

Mackworth-Pread, C. W. & C. H. B. Grant (1957): Birds of Eastern and North Eastern Africa, African Handbook of Birds, ser.1, vol.I, London & New York

Mackworth-Pread, C. W. & C. H. B. Grant (1962): Birds of the southern Third of Africa. African Handbook of Birds, ser. 2, Vol. I. London

Massa, R., Sara, M., Piazza, M.A.S., Gaetano, C.D., Randazzo, M. & G. Cognetti (2000): Molecular approach to the taxonomy and biogeography of African parrots, Ital. Journ. Zool. 67 (3): 313-317

Meyer de Schauensee, R. (1933): A collection of birds from south-western Africa. Proc. Acad. Nat. Sci. Philadelphia 84: 145-202

Moreau, R. E. (1948): Aspects of evolution in the parrot genus *Agapornis*. Ibis 90: 206-239

Mourer-Chauviré, C & D. Geraads (2010): The Upper Pliocene Avifauna of Ahl al Oughlam, Marocco. Systematics and Biogeography. Records of the Australian Museum 62: 157-184

Moyer, D. (1995): The status of Fischer's Lovebird *Agapornis fischeri* in the United Republic of Tanzania. International Union for Conservation of Nature and Natural Resources, Cambridge, U.K

Ndithia, H. & M. Perrin (2006a): Diet and foraging behaviour of the Rosy-faced Lovebird *Agapornis roseicollis* in Namibia. Ostrich 77: 45-51

Ndithia, H. & M. Perrin (2006b): The spatial ecology of the Rosy-faced Lovebird *Agapornis roseicollis* in Namibia. Ostrich 77: 52-57

Ndithia, H., Perrin, M. & M. Waltert (2007): Breeding biology and nest site characteristics of the Rosy-faced Lovebird *Agapornis roseicollis* in Namibia. Ostrich 78: 13-20

Neave, S. A. (1910): On the Birds of Northern Rhodesia and the Katanga District of Congoland. Ibis 9: 78-155, 225-262

Neumann, O. (1899): Beiträge zur Vogelfauna von Ost und Central Afrika. J. Orn. 47: 63-64

Niemann, R. (2008): Nachweis des Psittacine-Beak-and Feather-Disease-Virus in Papageienembryonen. Papageien 21: 106

Ochs, B. (1997): Das Pfirsichköpfchen *(Agapornis fischeri)*. Papageien 10: 358-360

Ochs, B. (1998): Haltung und Zucht von Rosenköpfchen. Papageien 11: 84-87

Ochs, B. (1999): Schwarzköpfchen. Papageien 12: 120-123

Orth, F. (1966): *Agapornis personata* und

Agapornis roseicollis in einer Gemeinschaftsvoliere. Gef. Welt 90: 185-186
Peters, J. L. (1937): Checklist of Birds of the World, Vol. 3. Cambridge
Perrin, M. R. (1999): Africa´s parrots – a guide to their identification. Africa – Birds & Birding 4: 59-65
Perrin, M. R. (2013): Parrots of Africa, Madagascar and the Mascarene Islands. Johannesburg
Pocock, T. N. (1970): Pleistocene bird fossils from Kromdraai and Sterkfontein. Ostrich Supplement 8: 1-6
Podesta, B. A. (2000): Ein Beitrag zur Megabakteriose bei Agaporniden. Papageien 13: 16-17
Prestwich, A. A. (1963): Breeding the red faced lovebird *Agapornis pullaria*. Avicultural Magazine 1/1963
Reichenow, A. (1900): Die Vögel Afrikas. Neudamm
Reimann, M. (1955): Das Grauköpfchen *(Agapornis cana)*. Gef. Welt 79: 151 ff
Reissmüller, H. (1988): Missglückter Aufzuchtversuch eines Hauben-Rosenköpfchens. Ziergeflügel und Exoten 33: 154
Repp, P. (1990): Emins Grünköpfchen *(Agapornis swindernianus emini)* – benannt nach Emin Pascha alias Dr. C. O. T. Schnitzer. Papageien 3: 20-21
Robiller, F. (1997): Papageien, Bd. 2. Stuttgart
Rowan, M. K. (1983): The Doves, Parrots, Louries and Cuckoos of Southern Africa. Cape Town
Ruß, K. (1869): Vorläufige Mittheilungen über die Zucht fremdländischer Vögel. J. Orn. 17: 82
Ruß, K. (1881): Die sprechenden Papageien. Magdeburg
Ruß, K. (1881): Die Papageien. Magdeburg
Ruß, K. (1901): Fremdländische Stubenvögel. Magdeburg
Scharf, S. (2007): Agaporniden als Virus(über)träger? Papageien 20: 235-239
Schiffmann, M. & M. Schiffmann (2002): Rückblick auf das Zuchtjahr 2001. Gefiederter Freund 49: 4
Schiffmann, M. (2006): Rosenköpfchen in Namibia. Papageien 19: 30-34
Schneider, B. (2004): Grauköpfchen-Zucht – eine Herausforderung. Papageien 17: 191-193
Schmidt, R. (2002): Haltung und Zucht des Rosenköpfchens. Papageien 15: 230-232
Schmidt, R. (2003): Haltung und Zucht des Rußköpfchens. Papageien 16: 224-227
Schmidt, R. (2007): Haltung und Zucht des Taranta-Unzertrennlichen. Papageien 20: 16-18
Schwichtenberg, H. (1982): Die Unzertrennlichen. Wittenberg
Sclater, W. L. (1900): The birds of South Africa. London
Sibree, J. (1915): A Naturalist in Madagascar. London
Sistermann, R & H. Mayer (1995): Agaporniden. VZE-Vogelwelt 40: 205-212
Stamm, R. A. (1961): Paarintimität und schwarminterne Streitigkeiten bei *Agapornis personata fischeri* – Gefangenschaftsbeobachtungen. Verhandlungen der Naturforschenden Gesellschaft in Basel 71: 1-14
Stamm, R. A. (1962): Aspekte des Paarverhaltens von *Agapornis personata*. Leiden
Stephan, H. (2006): Das Erdbeerköpfchen *(Agapornis lilianae)*. VZE-Vogelwelt 51: 325-326
Stephan, H. (2012): Der Taranta- oder Gebirgspapagei. Gefiederter Freund 59: 7
Stoehr, F. E. (1906): Notes on a Collection of Birds made in North-east Rhodesia. Journal of the South African Ornithologists' Union, Dez. 1906: 83-114
Strunden, H. (1986): Die Namen der Papageien und Sittiche. Bomlitz
Thompsen, J. J. (1987): Lovebirds at Lake Naivasha. Swara 10: 11-12
Van den Abeele, D. (2009): Das Grünköpfchen und seine Unterarten. Papageien 22: 203-209
Van den Abeele, D. (2010): Agaporniden – Arten, Haltung, Ernährung, Zucht. Bretten
Van den Abeele, D. (2011): Das Forschungsprojekt über Erdbeerköpfchen in Malawi. Papageien 24: 418-423
Vieillot, L. J. P. (1818): Nouveau Dictionnaire d'Histoire Naturelle Appliquée aux Arts. Paris
Vit, R. (1964): Zuchtversuche mit Grauköpfchen *(Agapornis cana)*. Gef. Welt 85: 21
Vogler, R. (1975): Hinweise zur Tarantazucht. Ziergeflügel und Exoten 20: 130-131
Vogler, R. (1980): Freiflug von Agaporniden. Ziergeflügel und Exoten 25: 149-150
Vriends, M. M. (1978): Enzyclopedia of Lovebirds. Neptune
Wagner, R. K. (2003): Unterwegs im Süden Afrikas. Papageien 16: 422-427
Wagner, R. K. (2008): Rosenköpfchen im Südwesten Afrikas. Papageien 21: 24-27
Warburton, L. S. & M. Perrin (2002): PBFD bei frei lebenden Rußköpfchen in Sambia. Papageien 15: 166-169
Warburton, L. S. & M. Perrin (2005): Foraging

behaviour and feeding ecology of the Black-cheeked Lovebird *Agapornis nigrigenis* in Zambia. Ostrich 76: 118-129

Warburton, L. S. & M. Perrin (2005a): Nest-site characteristics and breeding biology of the Black-cheeked Lovebird *Agapornis nigrigenis* in Zambia. Ostrich 76: 162-174

Warburton, L. S. & M. Perrin (2006): The Black-cheeked Lovebird *(Agapornis nigrigenis)* as an agricultural pest in Zambia, EMU 106: 321-328

Weiss, W. (2011): Der Gebirgspapagei und seine Mutationen. VZE-Vogelwelt 56: 42-47

Wolters, H. E. (1975-1982): Die Vogelarten der Erde. Hamburg

Wüst, R. (1997): Das Schwarzköpfchen *(Agapornis personatus)*. Papageien 10: 80-81

Wüst, R. (2011): Taranta-Unzertrennliche – schlichte Schönheiten. Papageien 24: 375-378

Wüst, R. (2008): Auf der Suche nach Zenkers Grünköpfchen. Papageien 21: 96-99

Zimmermann, R. (2003): Der Tarantapapagei *(Agapornis taranta)*. Gefiederter Freund 50: 4-5

Zimmerman, D. A., D. A. Turner & D. J. Pearson (1996): The Birds of Kenya and Northern Tanzania. London

Zürcher, E. (1977): Geglückte Zucht von Orangeköpfchen. AZ-Nachrichten 24: 27-40

Zürcher, E. (1983): Neuerkenntnisse über die Zucht von Orangeköpfchen *(A. pullaria)*. Die Voliere 6: 226-231